PC英雄傳

高于峰◎著

目錄

前言：親愛的！我把電腦變小了

「大」，是「小」的相對，「大」是形容詞，面積寬廣、體積高大的意思。「小」相對於「大」就是不大、不多；例如：細小微小。

從進化論的觀點來看，由「大」而「小」是生物演化的必然趨勢。數十萬年前，體型較小的人猿取代了龐然大物的恐龍成為大地的主宰，人猿又不斷的進化，而成為今日軀體不過七尺的現代人！

「小」相對於「大」，有「靈敏」、「快捷」、「多變」、「適應力強」等優點，因此恐龍的滅絕與人類的枝繁葉茂似乎是有其不得不的宿命。

在《西遊記》中，我們常看見孫悟空藉著「縮小術」：由大變小而能上天下海、無所不能的例子。如《西遊記》第六十回這樣記載著：**孫悟空就迎著風捏個訣，口唸咒語，搖身一變，變作一隻小小的飛蟲，一溜煙的，就躲過門口戒備的小妖，鑽進了芭蕉洞中！**

孫悟空藉著「縮小術」得以微化身形，所以不論是警戒嚴密的芭蕉洞、盤絲洞；不管是牛魔王的肚子裏、紅孩兒的腸胃中，或是太上老君的丹爐裏、王母娘娘的蟠桃宴中都可見「小小悟空」的足跡。

電腦的演進亦如上述由大而小。現代的電子科技有如孫悟空的「縮小術」般，將原本體積大到足以塞滿整間房子、價錢又昂貴無比的大電腦，變……小了！於是電腦，才得以自政府機關、大企業的空調機房中，飛入尋常百姓家，讓每人得以應用，甚至引爆一場驚天動地的「資訊革命」。

「資訊革命」的神奇之旅是隨著「電子學」進步的脈動而進行著，在這近五十年中，電子元件歷經四變，使得其體積越來越小，價格更爲便宜，效能卻益強大。這種「微體化」的趨勢。不僅使得所有的電子產品、家電用品改頭換面，更爆發資訊革命、太空探險等撼動人心的科技進展。

1940年代以前，眞空管是所有電子裝置的心臟，它是利用抽成眞空的玻璃管或金屬容器，作爲產生、放大和控制電流之用的電子元件。雖然眞空管的出現是電子機械的一大進步，但這種高約一吋多的管子卻有受不了潮濕、耗電量大、易產生高溫及像電燈泡一樣易碎等缺點，所以當電晶體發明後，眞空管就被取代了。

電晶體不僅能完成眞空管的大部分功能，還有尺吋小（一立方公分大）、重量輕、堅固耐用、壽命長、高效應、功耗小

眞空管

眞空管的基本原理爲「眞空放電」，所以眞空管必須保持眞空，彼此間要保持一定距離，否則會導致漏電；這是其無法微體化的重要因素。

等優點。所以在1940年代末期開發出電晶體的第一項商業產品後，它幾乎完全取代眞空管在各種電子設備的地位。

當電晶體繼續朝著微體化之路而邁進，積體電路（IC）就登場了。「積體電路」就是將多個電晶體整合在小小的矽晶片上。可是讀者們不妨想想看，要如何將多個這樣大的東東，整合在一片人類指甲般大小的晶片上呢？

想想孫悟空吧！孫悟空是不是藉著「縮小術」得以微化身形，而能無所不在呢？是的，就是現代的半導體科技，將電晶體變小了，到了最後電晶體甚至於小到無法成爲獨立的元件，科學家在小小的晶片上刻蝕許多極細微的電晶體，電晶體就被變成了筆尖般的大小，擠縮於小小的晶片上，這一片小小的晶片卻可以發揮出以往千萬丈眞空管的效能，這就是「積體電路」。

積體電路就如其字面上意思——結合許多電晶體的電路。爾後的發展就是不斷的將更多電晶體，從筆尖般大小的電晶

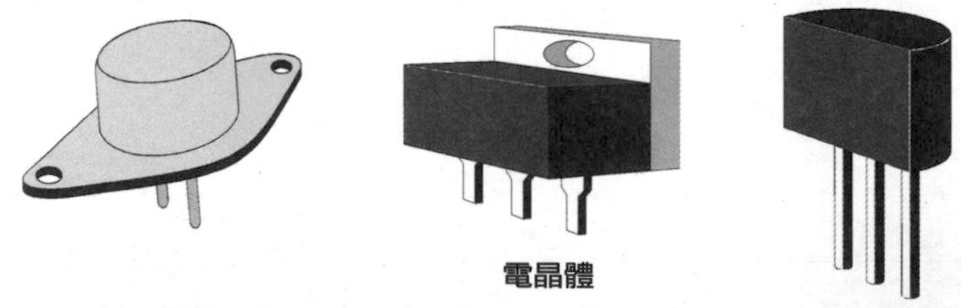

電晶體

電晶體不需要抽成眞空，體積可以做的很小，在常溫工作時只需很小的電流，也不需要預熱的時間。做爲講究「輕薄短小」之特性的電子元件，「電晶體」比眞空管合適許多。

體，至肉眼無法看的電晶體一一的塞進如人類指甲般大小的晶片上，隨著半導體製程的改變，人類已經可以製造出更密集、更精良的積體電路，今日這種稱之為「超大型積體電路」的電子元件，可以在不足〇・二吋的薄矽片上組裝數百萬個電晶體（超大型積體電路的「大」，是指其電晶體的容量大，而不是指體積大）。

以上的進程，事實上都是很專業化的知識，一般人無須也無法將之弄的一清二楚；反正你只要知道：從一吋多的眞空管，到一立方公分大的電晶體，積體電路上筆尖大小的電晶體，以至於大型積體電路及超大型積體電路上要用電子顯微鏡方能看出的電晶體，每一種新的元件都較前一代更快、更小、更便宜、易於大量生產、易於為人使用，進而改變人類的生活。

除了上述一大堆冰冷的專有名詞外，我們不妨就實際所接觸到的生活面來體驗一下上述電子科技進步的脈動。

想一想，看一看您周遭：從電視機、電子錶、組合音響、隨身聽、以至B.B.Call、行動電話等消費性電子產品之演進。是不是也朝著輕、薄、短、小、功能越多之潮流發展?!當然了， 這一切的改變都得歸功於積體電路，指甲般大小的晶片取代以往龐大的電路、電阻。如同孫悟空的「縮小術」般，使得收音機、行動電話剎那間掌中握，就連大如恐龍的電腦，也被縮小在您的桌上。

您能想像帶著滿街跑的隨身聽、行動電話裏面，裝著一個個耗電量大、易生熱、易破碎、易故障的眞空管嗎？若非半導體、積體電路的發展，則電子消費品的革命與廣泛流行將屬不可爲之事。

半導體工業的發展，就如孫悟空的縮小術般，將電子元件變、變、變，給變小了！然後每個人才可以在任何時候、每個地方使用著你周遭的電子產品。因此，半導體的發明被喻爲本世紀最重要的發明，實在一點也不爲過。

本書所要講述的「PC英雄」們，正是一群以「半導體」元件爲舞台，從事著改變世界、引爆資訊革命的菁英份子。

在第一章「變天前夕」中，鼎鼎大名的IBM將粉墨登場，相信隨著IBM帝國的潮起潮落、沈浮瞬間，資訊世界鬥爭的「十倍速力量」，將初次展現，令你目不暇給。

第一章 變天前夕

在前言中，我們提到，隨著半導體的工業進展，電子元件越趨「微體化」，前言中，我們說到：將二十世紀的半導體工業，有如孫悟空的「縮小術」般，把電子元件變、變、變，給變小了！從真空管、電晶體、到積體電路，大型積體電路、超大型積體電路，今日我們可以在不足指尖大小的矽晶片上，放入數百萬顆肉眼看不見的電晶體。

雖然電子元件微體化，其效能、功用卻更為強大，價格反而越低廉，各式各樣的消費性電子產品，因而蓬勃發展，在世界各地大行其道。電腦之發展亦是遵循著上述之軌跡而被劃分為機械、真空管、電晶體，積體電路、超大型積體電路等五個世代。

本章中我們將以企業爭霸的角度，用當今世界電腦大廠IBM的發展過程為主軸，來說明大電腦之發展。到底IBM是如何從一家生產鐘錶、打字機等機械設備的小公司，一躍成為電腦霸主？該公司又如何隨著電腦世代的演進而成長茁壯？其中英雄人物誰屬？成敗之鑑何為？且看PC史話之「變天前夕」話說從頭，娓娓道來！

機械時代

計算的機器

電腦的發展源自於人類對數字、運算掌握之欲望。西元1642年，法國數學家巴斯卡因爲看到任職稅務局的父親，成天在乏味枯燥的計算工作上打轉，遂引發他設計一部計算機器的動機。

巴斯卡利用幾個可旋轉的輪子，每個輪子劃上十個等距離的刻度，表示0到9十個數字，輪子每旋轉一圈就牽動左邊的另一個輪子轉動一個刻度，相當於「滿10進1位」，這就是西方最原始的加法機器，其原理及造型很像中國的算盤。

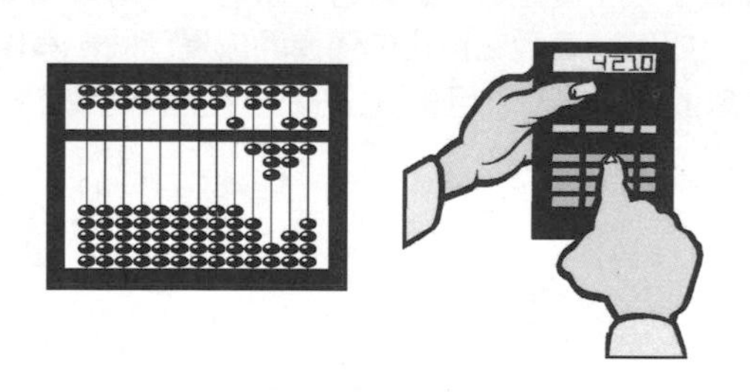

巴斯卡計算機

圖片來源：《計算機概論》，松崗電腦圖書公司。

打孔卡片問世

何樂禮的發明

1890年，一位德國移民——何樂禮（Herman Hollerith）在美國發明了一種打孔的卡片，何樂禮利用卡片上不同的打孔位置來儲存資料，他將一張鈔票大小的卡片分成二百四十個方格。每一方格分別代表年齡、教育、職業、性別，等等不同的意義，用以記錄資料，何樂禮同時也發明了一套卡片處理機器，來快速處理這些卡片。

何樂禮的運氣很好，十九世紀末，美國境內來自歐洲的移民遽增。戶政資料淹沒了美國人口普查局，以人力從事人口普查的統計分析工作，耗時又費力，往往新的普查開始時，前次普查的資料還沒有處理完畢。

美國普查局支持何樂禮的業務，讓他主持1890年的人口普查工作。何樂禮建立了一個大規模的卡片資料處理中心，使那一次人口普查的統計工作比上一次快了二倍，在二年半的時間就完成了，雖然人口普查局的員工，常常因為怕會失業，趁何樂禮不在場時偷偷的將機械關掉。

幾年後，何樂禮設立了一家公司不斷的改良其打孔卡片及讀卡機，何樂禮所發明的東西一直被商業界延用了數十年，今日我們依然可以看到其蹤跡。

可是何樂禮顯然不是個稱職的生意人，公司成立不久，發生了財務危機，1911年何樂禮被迫把原始的電腦業務賣給一家後來易名爲IBM的計算列表機器公司（Computing-Tabulating-Recording，CRL）。

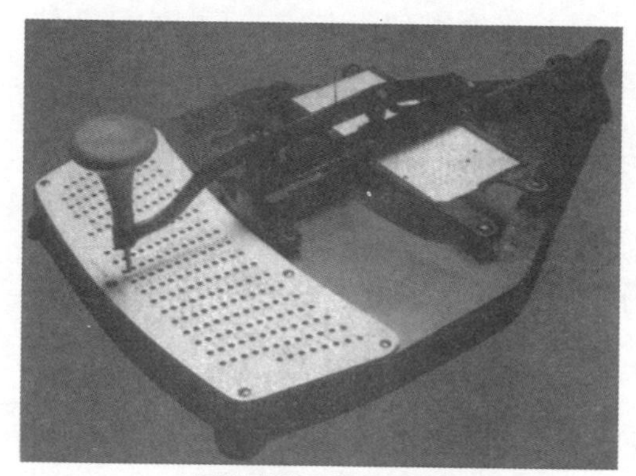

何樂禮發明的打孔機

圖片來源：《電腦概論與資料處理》，儒林圖書公司。

銷售起家

少年華森的奮鬥

何樂禮將原始的電腦賣給計算列表機器公司時，湯姆·華森（IBM創辦人）正受聘經營這家公司。湯姆是愛爾蘭移民，十九世紀末，正是農業社會與工業社會分界之時，這位胸懷大志的年輕人，在一個日落的黃昏，趕著滿載縫衣機、風琴的馬車，離開了農莊，想外出找尋自己的一片天（注：本書的湯姆·華森爲老華森，而老華森之子，即IBM第二任董事長則是小華森）。

除了販賣縫衣機、風琴外，老華森受雇於一位營業員，幫他賣股票，並收取佣金。此外老華森在一家國民收銀機公司，當了十八年之久的推銷員。當然了，這其間是有起有落，例如賣股票時期的老華森，被他的老闆——一個衣著光鮮的營業員捲款而逃，讓老華森潦倒了好一陣子。不過至少讓老華森了解到：佛要金裝，人要衣裝的道理。日後IBM規定其銷售人員穿著藍色西裝、白襯衫，給人一副專業的信賴感，多少是源於老華森這段經驗；或許這是邁向成功的必經歷程吧！

老華森於國民收銀機公司工作期間，在該公司總裁比德生的訓練、提拔下，成爲該公司最傑出的銷售員及比德生的心腹大將。比德生可謂是現代企業的「銷售之父」，在十九世紀初，國民收銀機公司就有自己的歌曲、口號，和訓練員工的學校。

比德生訓練其下的銷售員，告訴他們如何推銷東西，爲他們制訂一套標準的推銷術，以應付各種客人及不同的狀況。訂定超高的銷售配額並透過不斷的開會，檢討績效、訂定計畫以落實目標，並藉此培養員工獨立思考的能力、交換彼此經驗及分享成果，這些都是比德生用以激發銷售員潛能的方法。

如果您是個銷售員，上述方法或許正「摧殘」著你，看來，將比德生比喻成「銷售員的祖師爺」，可眞是一點也不爲過！

雖然比德生的確有自己的一套，也訓練出許多優秀的銷售員，但他常常擔心手下奪權，所以他總是開除最好的員工，以鞏固自己的地位。究竟在公司已經是「一人之下，萬人之上」的老華森，能擺脫這種「狡兔死，走狗烹」的悲慘宿命嗎？

1910年代初期，國民收銀機公司第二號人物老華森，被老闆賦予一個秘密任務：在市場上收購二手的收銀機，以鞏固該公司新收銀機的銷售量。

老華森因此而受到美國司法部反托拉斯法的控訴，審判法官在判決中宣告：「……你只想獲利，卻忘記了其他一切……」之後，老華森被處以一年勞獄之刑，五千美元的罰款。這個案子被宣判幾個月之後，有著「可以推銷出任何東西」美譽的老華森，被其老闆一腳踢開，讓他回家自己吃自己。

1914年，年近四十歲的老華森，正站在人生的起落點上，爲了公司業務而吃上官司，老闆卻是恩將仇報的將他開除，飽嘗世間冷暖，看盡世態炎涼，步入中年的老華森，似乎是一團糟，混得不怎麼樣！同年老華森之子——小華森瓜瓜落地。

或許是，新生嬰兒爲老爸帶來了好運，老華森受聘經營一家名爲「計算列表機器」的公司。這一次的轉折，反而讓老華森逐漸開啓自己的事業版圖。

時來運轉

IBM的成立

1914年老華森受聘經營「計算列表機器公司」，他很快的就發現何樂禮的機械深具市場潛力，可以幫助企業界節省大批用於處理資料的人力，於是老華森組織一支專業的銷售團隊，向企業界推銷這種計算機器。

爲了幫助企業界以較低的成本，享用打卡機器所帶來的好處，老華森想出了「租賃機器」的好主意，讓企業主每月只須付一點小錢就能使用機器，這使企業界樂於接受該產品。其實，在整台機器的使用年限裏，這反而替老華森帶來比直接出售還多的收入。

在老華森的領軍之下，1914至1917年間，該公司營業額倍增，獲利急速成長，老華森移植並改良其國民收銀機公司經驗培養他的銷售團隊，讓他們享有鉅額佣金、專業教育訓練及銷售領域。

以「開除」的結局收場，結束前一項工作的老華森，告訴他的員工，公司不會開除任何人，公司需要所有員工的努力，並將提供完善的福利制度，與員工一起成長。這些企業風格，很大一部分源自於老華森早年混跡江湖的經驗，一直到80年代，這些制度，依然塑造著IBM特有的企業文化。

當計算列表機器公司逐漸站穩腳跟，公司的規模越來越大，「租賃政策」居然成了阻止競爭者進入市場的利器。競爭者想進入此市場，對抗已成氣候的計算列表機器公司，必須有大量的現金，才能承受一開始只收一點點租金過活的日子。此外更令它們難過的是，計算列表機器公司不斷的研發、改進其機器，迫使這些還沒有賺到幾分錢的新進者，也必須跟著灑下大筆研發經費，才能跟得上計算列表機器公司的腳步，所以沒有雄厚的資金是很難進入這個市場的。

1919年，計算列表機器公司研發出了「列印／列表機」，在之前製表機所產生的資料都必須用手來抄寫，「列印／列表機」的出現，讓使用者能更有效率的使用該機器，當然，這也更進一步的鞏固計算列表機器公司的地位！

隨著公司業務的成長，老華森掌握了公司的控制權，並透

圖片左方為打孔機，右方為分類盒及製表機，每一筆交易完成後，將有用的資料以打孔的方式記錄在一張卡片上。一段時間後，將所有的卡片加以分類、整理，並做統計。這些檔案還能自動的加以歸檔、累計、分類及列印在報表上。

圖片來源：《計算機概論》，松崗電腦圖書公司。

過所有權的銷售將公司的業務拓展至海外。1924年，帶領計算列表機器公司熬過經濟大恐慌的老華森，把公司改名爲國際商業機器公司（IBM: International Business Machines Corp），象徵著他自己及公司業務的新開始。此後，IBM的年營業額達到四千萬美元，成爲一家初具規模的公司。

世代交替

機械VS.電子

或許您會覺得懷疑，上述「處理卡片的機器」是電腦嗎？是的！與現在的電腦相較，這些東西或許稱之為「計算機器」、「會計機器」、「處理資料的機器」比較貼切些。這些東西大體上還是以齒輪、槓桿為主的機械式機器，不過當機器越做越複雜，完全機械化計算機，操作起來顯然不是很方便。

自30年代起，一些研究機構開始研究利用電力操作機械作業的計算機，於是一些電子、機械的混血產品就出現在電腦發展史中「機械時代」的後期。

例如：美國貝爾電話實驗室，開始嘗試製造一種利用電力操作機械作業的電動計算器（Electromechanical calculator）。雖然，此時計算機器業的老大IBM，並不認為計算的方式會有什麼改變，但它們仍然贊助了一些研究計畫。自1937年起，IBM公司開始與哈佛大學合作一項研究計畫。1944年一台由IBM公司承造，哈佛大學設計的電動計算器——馬可一號計算器，被裝設在哈佛校園內。

馬可一號有五十一呎長，八呎寬，重達五噸，它能夠在十分之二秒內完成一個加法或減法的運算，在平均四秒內完成一個乘法運算。它除了能夠做加、減、乘、除的計算之外，也可參考事先算好的函數表，加速演算的工作。

電子及機械的混血兒——馬可一號問世兩年後，一台更先進、全電子式，以眞空管爲元件的億尼卡（ENICA）電腦就問世了。雖然，隨著電子學的發展，類似馬可一號這些機械時代的產物，顯然是過時了，但馬可一號作爲輸入裝置的打孔紙帶等裝備，卻一直爲早期的大電腦所延用，而馬可一號，也一直被哈佛大學使用了十五年之久。

傳統打孔機、馬可一號、億尼卡電腦，三者的基本結構是完全不同的，電子設備的內部除了電子以接近光速的速度不斷穿梭於眞空管之外，其餘幾乎都是靜止不動的零件。這些電子線路的基本原理，只有0（有電）與1（無電）而已，任何複雜

馬可一號

1944年，電子及機械混血兒——馬可一號一秒之內能做四個加法或減法的運算。兩年後，全電子式，以眞空管爲元件的億尼卡電腦一秒之內則能做五千個加法或減法運算，較慢的馬可一號絕不是全電子式億尼卡電腦的對手。
圖片來源：《計算機概論》，松崗出版。

的運算都是由此衍生出來的。

經由電子的流動，商業上數據的加、減、乘、除、比較、列表等動作，都可以迅速的完成。打孔機器則必須經過數百次重複的機械動作，才能完成上述動作，其中的高下是不言可喻的。

眞空管時代

恐龍大的電腦

1942年美國愛荷華州立大學教授艾特納索夫，以眞空管爲元件發展出一套名爲“ABC的電腦”，ABC是一部由四十五個眞空管構成記憶的電腦。ABC電腦首開利用眞空管爲元件的第一代電腦。

1946年，賓州大學艾克特和毛琪雷參考ABC電腦的設計完成了一台名爲億尼卡的電腦；這部電腦的發展是因爲美國陸軍需要一種能加快計算速度的儀器，來求得炮兵發射時的精確度。億尼卡電腦一秒之內能做五千個加法或減法的運算，雖然與今日的電腦比起來是小巫見大巫，但億尼卡電腦卻比當時的任何機器快了一千倍以上。

億尼卡電腦

億尼卡如恐龍般大的電腦。如果沒有「縮小」，你養得起它嗎？
圖片來源：《計算機概論》，松崗出版。

億尼卡這部巨大的儀器重達三十噸，佔地一萬五千平方呎，擁有一萬八千隻眞空管，使用一百五十千瓦的能量。據說，億尼卡這隻嗞電大怪獸，啓動時會使整個費城的街燈變暗呢！此外爲了冷卻電腦運轉時所散發的大量熱氣，數百平方呎附空調、地板加高的大房間就是這龐然大物的居所。

由於眞空管的平均壽命爲三千個小時，一萬八千隻眞空管便表示平均每十五分鐘就可能有一隻眞空管失效，所以億尼卡電腦平均每七分鐘就會有小毛病出現，因此啓動億尼卡電腦時，軍方還必須勞駕一組維修人員，隨時準備替它更換壞掉的眞空管。這種我們只能在電影中看到的機器，雖然性能不怎麼樣又容易故障，但卻價值數百萬美金哦！

環球風雲

IBM缺席

毛琪雷博士與艾克特替軍方完成了億尼卡電腦後，便在1947年合作創立一家公司，他們的公司以製造供政府機關、民間企業使用的電腦爲目標。不久之後，他們就侵入IBM打孔機器的地盤——美國人口普查局，獲得該局製造電腦的合同。

爲了因應美國人口普查局的合約，毛博士的公司急需財務的支援，他們和包括IBM在內的幾家公司，洽談合作的計畫。

毛博士告訴IBM：「新的資料儲存媒介——磁帶，如果研發成功，將會取代打孔片的地位。它可以儲存更多的資料，一卷磁帶可以儲存近萬張打孔卡片的資料，而電腦處理磁帶資料的速度也比打孔卡機處理打孔卡片快多了，換句話說，打孔機的時代將一去不返了。」

IBM的總裁老華森並不希望公司過度投入這種未經證實有商業價値的東西。他認爲電腦與打孔機是完全不同的領域，電腦或許將爲科學界帶來劃時代的震撼，但在公司行號裏仍會是打孔機的天下。而且根據IBM的調查，整個科學界大概也只有約十部的需求量，以老華森的眼光看來，這顯然不是一項値得投資的計畫。

最後，雷明頓蘭德公司併購了毛博士的公司，毛博士所設計的電腦在1951年完成，取名爲環球自動電子計算機（Universal Automatic Computer），簡稱UNIVACI，它可以說是億尼卡電腦的後裔，是一部能儲存程式的電子計算機，更是在科學軍事工程之外，第一部專門用於資料處理的電腦。

雖然，首部供政府機關、民間企業使用的電腦已經問世，但此時電腦仍籠罩在是軍方、大學、研究機構的神秘面紗裏，一般大衆顯然還未驚覺到此一變化。直到1951年的美國總統大選，環球一號電腦卓越的運算能力，方展現於世人面前，引起一般大衆的注意。

1951年，哥倫比亞廣播公司同意雷明頓蘭德公司的要求，利用環球電腦來預測選舉結果。這使得成千上萬的民衆在電視上看到了毛博士和環球電腦。當時所有的民意測驗都顯示兩位候選人實力在伯仲之間，輸贏的差距會很小。

毛博士以美國西海岸幾州投票所，開出的5％選票爲基礎，以環球電腦做選情分析，經由統計運算後，環球電腦的預測卻是「艾森豪以懸殊的比數獲勝」。哥倫比亞廣播公司，擔心電腦預測出來的結果不準確，深恐在觀衆面前漏氣，因此不再做任何的電腦預測。

大選的結果揭曉後，證明了環球一號電腦的預測是對的。當晚雷明頓蘭德公司的工程師出現在螢光幕上，向社會大衆解釋其中來龍去脈，自此，環球一號電腦終於風風光光的展現在世人眼前。

環球一號電腦驚人的表現，經由大眾媒體的傳播，才讓一般人了解到，比人類聰明的電子大腦已然問世，有些人並憂慮著，這龐然大物將搶走許多人的飯碗，顯然，此時大部分的人仍用敬畏、疑惑的眼光，看著這種新奇的玩意。

時局發展至此，以往在資料處理機器業務上的龍頭公司IBM，似乎已經失去市場先機。不過當老華森被成功的掌聲所淹沒，對新的變化失去了敏銳的嗅覺之際，IBM少主小華森適時的將公司發展方向調整了過來，才使IBM不至被淹沒於剛起步的資訊浪潮中。

少主扶危

IBM踏入電腦業

出生於1914年的小華森，仗恃著父親的財富，少年時期的他不是開著飛機遊玩，就是在俱樂部與漂亮妹妹廝混的紈袴子弟。第二次世界大戰期間，小華森成爲美國空軍飛行員，因而離開家裏，脫離安逸的環境及父親陰影，逐漸在軍中找回自我，並且接觸到電腦。

戰爭結束後，小華森回到家族企業，並經歷了各種職位的歷練。1940年代末期至50年代初期，小華森再三向父親說明，外界的計算方式已經逐漸在改變。從IBM銷售了幾十年的機械式打卡裝置，變成美國陸軍爲了戰爭需要而發展以眞空管爲元件的電子計算設備——電腦。

老華森原本並不相信電腦會取代被其壟斷的打孔卡片設備，直到環球電腦發展成功並裝置於美國人口普查局，取代了IBM的打孔卡片機器。老華森才不得不同意小華森的看法，決心發展電腦。

王朝基石

IBM 650 & 校園綁標計畫

IBM進入商業電腦市場的第一部電腦是1953年推出的IBM 701型電腦，不過當時大家稱它「IBM的雷明頓」，顯然在這時候，雷明頓蘭德公司才是電腦界的眞命天子。一年之後推出的IBM 650型電腦，方奠定了IBM電腦王朝的基石。

IBM 650型電腦是以類似傳統「打孔卡片」方式來處理資料，由於可以使用原本熟悉的方式來操作電腦，與其他公司的機種相較，企業界很自然的會以IBM 650型電腦爲優先考量。

換句話說，IBM 650型電腦讓IBM在初進入數位運算的領域時，得以繼承其在打孔卡市場龐大的顧客群，當時IBM以IBM 650型電腦爲禮物，與一些大專院校展開了建教合作，教導這些大學生如何使用IBM電腦，讓他們畢業後，可以滿足企業界對電腦人才的需求。

這顯然是IBM的「綁標計畫」，想一想，這些吃IBM奶嘴長大的學生，離開校園後，會不成爲IBM的禁臠嗎?!觀察後來企業界濃厚的「IBM情結」，看來當初IBM於校園內播下的種子，終有發芽的一天。

1956年，82歲的老華森將公司的管理權交給了小華森，幾個月後老華森就撒手歸西了，而IBM與雷明頓蘭德公司的競爭態勢，在此時也有了新的變化。

當年雷明頓蘭德公司，取得了電腦先驅毛琪雷博士的智慧與技術，得以推出史上第一台商業化的電腦——環球一號，讓雷明頓蘭德公司一度成爲「電腦」的代稱。

可惜的是，該公司老闆吉姆・蘭德是個「吃碗內，看碗外」的好大喜功之徒。什麼行業他都想插一腳，所以該公司並未全力持續發展電腦，他們不僅賣電腦，連一些雜七雜八的東西，如刮鬍刀、導航儀器、農業機械，也是他們的業務範圍。

反觀IBM在小華森接手後，則是將全部重心都放在電腦的發展與改良上，其後的發展當然是無可限量。當然了，IBM訓練有素、穿著藍色西裝、形象良好的銷售員，加上完善的售後服務、高超的行銷手腕，都是IBM得以後來居上的原因。

1956年初，雷明頓蘭德公司銷售的電腦數目還超過IBM，但是到了該年年底，IBM銷售了七十六部電腦，已經確定的訂單則有一百九十三部。同時期的雷明頓蘭德公司，銷售出四十六部電腦，已確定的訂單則是六十五部。

自此IBM已超越了雷明頓蘭德公司，當時IBM已是擁有五萬名員工，十億營業額，美國第三十七大的公司，IBM也從此開啓了數十年稱霸電腦業的新紀元。

稱霸之作

IBM 360

隨著電晶體的發明，電腦的發展又進入一個新的世代。與眞空管相較，電晶體有體積小、耗電少、穩定性高等優點。以電晶體爲元件的電腦就是第二代電腦，較之於眞空管電腦，第二代的電晶體電腦的體型較小，速度更快，性能也更佳，價錢卻更便宜，也更易於爲人們所接受。

至1960年代末期，從政府機關、銀行、保險公司，到機場、車站，各行各業皆熱切的使用電腦，紛紛加入了自動化的行列，每個大企業都要利用電腦來裝飾門面，好顯示自己不落人後，跟得上時代。電腦的需求大幅增加，許多公司紛紛加入製造電腦的行列。

爲了擺脫競爭者的糾纏，IBM的執行長小華森把所能取得五十億美元（IBM當時年營收的三倍）完全投入一項新計畫中。這場豪賭比製造原子彈的曼哈頓計畫還大，目標是生產一系列名爲360的新型電腦，這個研製計畫如果失敗，IBM將會垮得很慘，這顯然是以公司前途爲籌碼的一次大豪賭。

新電腦的發展並非一帆風順，由於IBM聘用非常多的程式設計師來發展軟體，最後反而陷入了整合的困難，這一度使得該計畫前途堪憂。不過這些問題一一克服後，IBM於1964年4月7日正式推出360系列電腦。

IBM 360系列使用最新的電子科技——積體電路技術。積體電路將電晶體、電阻等元件微聚濃縮在單一晶片上，電路的微聚化不但使電子元件的體積大幅縮小，易於製造，更重要的是減少了電流傳導的時間，因此電腦的作業速度、性能皆大大的提升。

IBM 360系列的另一賣點來自其「向上相容」的特色。在此之前，顧客買了功能強大的新電腦後，在舊機器上使用的軟體都不能在新機器上使用，這對顧客而言會造成其重新購買軟體的浪費。而IBM 360系列，可以使用舊有的軟體，替客戶節省了金錢及員工訓練成本，無疑的，這種「向上相容」的特色，對消費者是十分具有吸引力的！

這型電腦讓IBM電腦的市場佔有率從50年代末期的25%，提升至70%的水準，當初IBM之所以將此款電腦命名爲360，乃因地球是一個360度的圓球體，而新的電腦將會是一種暢銷全球的世界級電腦，而360電腦果然獨霸全球，也將IBM公司一舉推入美國十大公司的排名之列。

70年代

解放電腦三部曲

進入了70年代，IBM冷飯熱炒將360系統的性能提升後，改名爲370，繼續帝王霸業。不過IBM帝國天際，出現了幾朵烏雲，首先，終端機的出現，其「分散處理」的作業方式，雖然加強電腦的「可親近性」，刺激了大型主機的需求，但卻也漸漸的吹散籠罩在電腦之上的神秘面紗，爲電腦的解放吹起了第一聲號角！

此外，對於那些飽受IBM打擊，在巨人身影下苟延殘喘的對手而言，「不與IBM正面衝突」的策略，成了其求生存的最高指導原則，在這個前提下，有些人「寄生IBM」，於是「IBM相容電腦」出現了！另外一些人則努力的尋找IBM所忽略的「洞」，最後他們找到了自己的利基——更廉價的迷你電腦因此方焉出現。下一段落裏，我們將就終端機、相容電腦、迷你電腦，解放電腦的三部曲來做一論述。

解放電腦第一部曲

終端機揭開電腦的神秘面紗

終端機是一種有鍵盤、有螢幕，外表很像今日個人電腦的設備，藉由類似電話線（資料線）之連結，終端機和中央電腦搭上線後，原本毫無「智慧」的終端機就成了中央電腦的「分身」，坐在終端機前，分散各地的使用者能透過鍵盤、螢幕在同一時間內，命令中央電腦做事，中央電腦運算的結果，也透過資料線的傳遞，立刻顯示在使用者面前。

以往處理資料，必須先塡表，然後將表上資料透過打孔機打在打孔卡片上，再利用讀卡機讀取打孔卡片，將資料輸入主電腦裏，經過主機運算後的資料則利用印表機輸出。這些工作往往必須耗費極大的人力與時間。這時候的電腦彷彿是深鎖於主機房裏的諸葛亮，人類要請教它時，還必須親自移樽就教，並且要耗上一整天的工夫呢！

終端機出現後，出納人員可以在為顧客服務的同時，透過終端機同時更新顧客帳戶的資料；倉管人員從倉庫出貨時，使用終端機，將零件的編號直接輸入電腦，立即產生最新的庫存資料，毋須在收工之後再批次的處理塡表、打卡、輸入資料、印出資料等煩人的工作，現在，透過終端機，彈指之間，電腦一切幫你搞定。

我們要強調的是，終端機並無智慧，它只負責輸入（經由鍵盤）與輸出（螢幕顯示）的工作，所有的運算（智慧）全由中央主機提供。由於終端機大幅強化了速度與效率，使電腦的使用較過去簡易許多。因此客戶渴望獲得更多、更大的電腦來運作數量暴漲的終端機，導致大型電腦的需求量在70年代暴增。

中央主機，集權、封閉、專業化程度高的運算模式，與終端機開放、分散、普遍化的運算方式，顯然是背道而馳。而IBM等電腦廠商以往之所以可以在客戶面前「騙吃騙喝」，中央主機集權封閉的運算方式，正是圍繞在電腦周圍神秘面紗之起源。隨著時代的演進，即使如IBM巨人之尊也無法拂逆電腦解放之浪潮，而這正是終端機出現所代表的含意。

終端機的興起雖然首度吹起了「電腦解放」的號角，但其對大型主機的銷售量卻還有正面的助益，相容主機、迷你電腦的出現則在IBM獨佔的市場大餅中，狠狠的咬下一口。

解放電腦第二部曲

迷你電腦體型小、價格低

70年代初期，當IBM和其他電腦公司正加快腳步生產「巨獸」般的大電腦，以應付市場需求時，位於波士頓的迪吉多公司反其道而行，推出一種體型更小、價格更低的電腦，人們模仿迷你裙一詞，將之稱為迷你電腦。

迷你電腦初推出時，大部份用於工程及科學方面，主要係因製造商極少提供「軟體」。因此初步推出的迷你電腦仍多用於工程及科學領域。其後迷你電腦的使用範圍漸廣，製造商一面推出軟體，一面改善其硬體設備。迷你電腦有了適當軟體後，才開始普及於企業界。

雖然迷你電腦的運算能力、儲存容量，都比大型電腦小，但迷你電腦的優勢在於它不需要加高地面的電腦室，也不需要特定電源。因為只有辦公桌或檔案櫃大小的體積，更讓迷你電腦具使用上的彈性。迷你電腦通常被獨立使用於中小企業，但也可以被當成與大型中央電腦連接的遠方電腦。最重要的是，迷你電腦的價格低廉（二千五百美元至七萬五千美元之間），讓「哈」電腦很久的中小企業，也可以一嘗與電腦共舞的夙願了！

迷你電腦的成功，讓迪吉多由70年代一家小公司，發展成80年代僅次於IBM，世界第二大的電腦廠商，在客戶的要求之下，IBM也不得不推出自己的迷你電腦“Seriea/1”。

解放電腦第三部曲

相容電腦「寄生IBM」的策略

除了迷你電腦外，相容主機的出現，也爲IBM帝國的霸業，吹縐一池春水。引爆這場風潮的是金恩．艾姆博士——即IBM 360電腦系列的設計者。

60年代末期，這位電腦專家想自行創業，於是他離開了IBM。金恩．艾姆與日本富士通公司合作，製造出一台功能與IBM 370（進入70年代後，IBM 360系列改成了370）一樣，價格卻比IBM公司的電腦便宜三、四成的電腦——470V／6。

470V／6的問世，讓原木被IBM吃得死死的客戶有了新選擇。原本這些IBM忠實的客戶，多年來習慣聽從IBM業務員的建議，隨著IBM推出新主機，他們也按時的繳納租金、更新系統，以提升電腦的功能。於是多年來投資於IBM系統之龐大成本，使其掉入「非IBM不可」的泥淖中。

客戶對IBM獨霸電腦產業的情況漸感厭倦，他們知道IBM賺的利潤過高，必須有人與其競爭，才能迫使IBM降價，可是他們又不能、也不放心購買其他系統的主機，相容主機出現後，他們終於可以放下心了，因爲這些電腦的操作方式與IBM電腦一模一樣，更重要的是以往用於IBM之上的軟體，也可以在這些電腦上操作。

相容電腦在市場上引起熱烈的反應，許多競爭不過IBM的廠商，紛紛採取「寄生IBM」的策略，於是市場上相容的主機、磁帶機、印表機大行其道。而“IBM”這以往其他廠商視之爲眼中釘，欲除之而快的三個英文字母，如今卻成了大家賴以維生的金字招牌，眞令人意外。

解放電腦之幕後推手
——半導體製造商

70年代末期，雖然IBM仍舊不可一世，但隨著科技的進步，脫離中央電腦，走向分散處理的「電腦微體化」趨勢，卻越演越烈，甚至蔚爲風潮，這或許就是「個人電腦」即將問世的先兆。

這幕後的推手，其實是類似英特爾、摩托羅拉、德州儀器、快捷電子等製造電子元件的半導體製造商。在這之前，大型主機的製造商自己製造一切所需的元件，這其中就單是半導體元件的製作，對於欲加入市場的新廠商而言，就是很大的障礙。

IC（積體電路）的製程是極精密的工作，刻蝕在矽片上肉眼看不見的電晶體其細微程度，比起空氣中的灰塵，有過之而無不及。在IC的製程中，若矽板上不慎沾染灰塵，將會導致成品的瑕疵，引起整個電腦運作的失誤。

單是這種「無塵」的要求，就使得IC工廠的造價寸土寸金了！更遑論購置其他精密儀器的成本。所以半導體工廠的投資，是要砸下大筆鈔票的。這對類似IBM之流的大公司當然不成問題，但對於剛創立的小公司，就是個大問題了！

所幸隨著英特爾、摩托羅拉、德州儀器這些公司大量的生產半導體晶片，導致商品化的晶片充斥市場且價格低廉，不僅晶片如此，磁帶機、終端機等周邊設備，也被大量製造，成了大眾化的商品，任何人只要有意成立電腦公司，都可以在市場上買到需要的電腦元件，來「製造」自己的電腦。

在這種結構性的改善之下，電腦業的競賽於焉改觀，於是許多製造迷你電腦、相容電腦的新興公司，得以投入這場電腦競賽，參與資訊革命，許多人也因而功成名就，大賺一筆。

所以，在下一章我們將以企業史的角度，以今日紅透半邊天的英特爾半導體公司爲主軸，來細說這些資訊革命的幕後推手及半導體的製程、種類。相信在「高科技產業」喊的震天響，投資「半導體」蔚爲主流的今日，你一定會很感興趣的！

第二章 幕後推手

半導體工業之進展，正是「解放電腦」的頭號功臣，沒有英特爾、德儀、摩托羅拉等半導體廠商的積極投入，「微處理器」是不可能出現，「個人電腦」之夢終究難圓。

在本章中，我們將以企業史的角度，以今日紅透半邊天的英特爾半導體公司為主軸，來細說這些資訊革命的幕後推手及半導體的種種……

在前一章中，我們提到，隨著半導體工業進展，電子元件愈趨「微體化」，再加上終端機、迷你電腦，相繼出現，使得以往充滿神秘色彩的大電腦，逐漸邁向了「解放」之途。

1970年的某一天，一家名爲英特爾的小公司居然將以往大型電腦中，由千萬隻眞空管所構成的中央處理單元，微縮至一片拇指般大小的晶片上，有了這種被稱爲「微處理器」的小晶片，製造、出售一般人買得起的廉價電腦，就變成可能的事情，「個人電腦」也因而誕生。

很顯然的，半導體工業之進展，正是「解放電腦」的頭號功臣，沒有英特爾、德儀、摩托羅拉等半導體廠商的積極投入，「微處理器」是不可能出現，「個人電腦」之夢終究難圓。

不過這些半導體大老們的光芒，卻常被檯面上的電腦大廠所掩蓋。想一想，蘋果電腦的傑伯、微軟的比爾蓋茲，早在數年前就登上了《時代雜誌》成爲封面人物，而至1998年，英特爾總裁葛洛夫老先生才獲此殊榮！其實沒有半導體，那有蘋果電腦、微軟呢？

所以在進入本書描述個人電腦誕生的「意外帝國」章節之前，在本章中，我們以英特爾半導體公司爲主角，來細說半導體產業的企業史及元件製造過程等……

蕭克利半導體實驗室

半導體工業的先驅

我們將時序拉回1947年的美國貝爾電話實驗室，蕭克利博士和另兩位物理學家發明了電晶體，他們因此而獲得1956年的諾貝爾物理學獎。

電晶體的主要構件是一塊半導體材料，鍺和矽用得最廣。從海沙中所提煉而來的矽，加工成矽晶圓，這是設計半導體元件所必須的材料。所謂「半導體」是依據它的特性來命名，意指導電性介於金屬與絕緣體之間的物體。至於矽晶片、矽谷，等「矽」字輩的稱號，則是因爲半導體通常是「矽」做的。

半導體的電子特性爲：電壓加上某一特定數值，便出現導電現象，這有點像匣門的開、關一樣。在數位科技中就是利用這種開、關之物理現象，研究出各種電路，如個人電腦就是常見的例子（電腦運作的原理，詳見「電腦小百科——我的世界只有0與1」一文）。

電晶體不但可以完成眞空管大部分的功能，還具備眞空管及不上的優點，如重量輕、堅固耐用、壽命長、高效應、功耗小、用途廣泛等……

話說蕭博士爲了做出更穩定的電晶體並將之商品化，在矽谷成立了一間「蕭克利半導體實驗室」的半導體工廠。頂著諾貝爾獎桂冠的頭銜，再加上蕭博士在半導體工業上的先驅角色，「蕭克利半導體實驗室」吸引著許多對半導體工業有憧憬的年輕工程師加入。

在1950年代，這家公司無疑的吸引全球最優秀電子專才聚集於此。不過在「商品化」的過程中，彼此往往會有意見相左、看法不同的時候，遇到這種情況，這些一身本領、自信心強的天生好手，往往用自己的構想及自己所描繪的商品遠景，說服投資公司，取得資金自立門戶，並另創新公司。

新公司往往就在原來公司附近，於是大家群聚在舊金山最南端這塊擁有「樂土」美譽的丘陵——「矽谷」，彼此各顯神通、相互競爭。同業間，「導引業界，捨我其誰」的自信與霸氣是「矽谷」不斷進步動力的來源。

1957年「蕭克利半導體實驗室」的八位工程師，由於和蕭博士對產品發展方向看法分歧，且受不了蕭博士老大的管理作風。在年輕工程師諾宜斯的帶領下離開了「蕭克利半導體實驗室」。諾宜斯等人在工業家費爾察的資助下，另立門戶成立了一家「快捷半導體公司」。

日本的半導體工業

整個半導體技術的發展幾乎完全源自於美國。半導體被喻為「70年代的石化」，在美國更被視為「維繫國家霸權之關鍵技術」。

50年代初期，日本新力公司自美國西方電器購得進電晶體技術，新力公司將美國用於製造助聽器的電晶體用來製造收音機。1955年8月新力的第一台電晶體收音機正式上市。

50年代末期，口袋大小的電晶體收音機席捲全球，新力公司一炮而紅，「電晶體收音機」成了最具代表性的電晶體產物。

1959年，美國完成積體電路的開發，在此同時，由於日本通產省的大力支持，日本各大電氣公司聯手展開研究計畫，並

在1961年製成簡單的成品，為80年代的「美日半導體之爭」奠定成功基石。

台灣的腳步則落後日本十餘年，1978年才由工研院向美國RCA購買積體電路技術，開啓了台灣半導體工業之濫觴。

人才搖籃

快捷半導體

1947年蕭克利等人在美國貝爾實驗室成功發明了電晶體，貝爾實驗室因爲顧忌觸犯美國政府的「禁止獨占法」，所以把電晶體有關的專利，免費的向美國各電子公司公開。

一時間電晶體大爲流行並取代眞空管，廣泛的被用於電視機、收音機、助聽器、電腦（第二代）、甚至人造衛星裏。至1957年後期，半導體的製程更進一步發展，重點著重於積體電路的研發。

所謂積體電路，就是將數個電晶體與其他電子元件，製作在同一晶片上。也就是說，一片指甲大小的積體電路晶片，同時包括了數顆電晶體、電阻、電容及連接各元件的線路。

以往的電子電路，利用人工在偌大的印刷電路板上，插上一顆顆電晶體等元件，再將之繞線連接起來。這和在小小的矽晶片上，做出包含整套電路的積體電路比較，其間優劣，是顯而易見的。

積體電路將原本獨立、分散的元件積在一起，體積的微化，大幅縮短了電流所經過的距離，故其耗電及生熱量亦隨之降低，此外微小的電子元件，不必再經由人類肥大的手指去繞線處理，機器的大量製造，使得積體電路更廉價而可靠。

積體電路自成一體，包含所有功能的設計，也讓以往需要十餘塊電路板的電子設備（如電視機），可以被一塊單一電路板所取代，這使得電子設備成本大幅降低，且其零件變成易於替換及維修。

由於以上的優點，積體電路一旦被研製成功並商品化，無疑的將會取代單一電晶體，引發另一波電子革命。積體電路的理論及優點，其實早就被學者所提出，眾所皆知。但是，到底要怎麼做呢？大家仍在研究中。

這時，各家半導體公司無不卯足全力，想盡各種方法，要在這場積體電路的競賽中脫穎而出，以搶得市場先機。

1958年，德州儀器公司的基爾白把電阻、電容和晶體管組成的移相式振盪器製作在一塊鍺片上，他稱之爲固體電路。

於此同時，「快捷半導體」的諾宜斯，首次利用平面技術和擴散介面製造出積體電路，諾宜斯的積體電路爲快捷半導體公司打響了第一炮。

自此到1960年代中期，商用積體電路紛紛由許多公司生產出來，並對電子設備的設計產生衝擊。究竟人類可以將電晶體微化到多小？可以在僅有0.6公分的矽晶片上放入多少電晶體呢？

快捷半導體的摩爾曾觀察1959年到1966年晶片上電晶體的數量，摩爾以1959年的數據爲基準，他發現每隔18個月晶片上電晶體的數量就會增加一倍，性能也提升一倍。摩爾並大膽預測這種趨勢將會持續下去。這就是著名的「摩爾定律」。

摩爾的預測是否會成眞呢？在當時並無法證明，但摩爾卻對自己的預測深信不疑，「每隔18個月晶片上電晶體的數量就會增加一倍，性能也提升一倍，而且這趨勢將會持續下去。」

摩爾認爲，半導體技術成長沒有極限，因此可以大量的生產內含電晶體的記憶元件，而這種便宜的記憶體將可以取代當時盛行的「磁蕊記憶體」，這表示：積體電路將是一項很有市場遠景的產品。

可惜，快捷主管顯然不這樣認爲，由於雙方對於產品的發展方向有了歧見，摩爾、諾宜斯似乎只有離開快捷，才能將自己在積體電路發展上的理念付諸實現。這正是「英特爾」成立的背景！

或許你會覺得很驚訝，英特爾的總裁居然會是這種「一年換三百六十五項頭路」的輕狂少年，其實這是因爲：半導體工業是個全新的產業，彷彿到處都有機會，每個人對未來發展都有不同的見解，所以業界成員來來去去，顯得格外平常。

摩爾和諾宜斯爲了實踐其積體電路發展之理念，決定離開快捷半導體。之後，有許多的年輕工程師也跟隨他們的腳步，離開快捷想在外界掙得屬於自己的一片天，最後快捷半導體竟如武俠小說中的少林、武當般，天下好手無不源於此。

這使得快捷半導體有著「矽谷半導體人才搖籃」之稱，在眾多快捷子孫中，最出名的當屬今日半導體業界之龍頭——英特爾了！

半導體巨擘

英特爾的誕生和記憶體的開發

1968年，積體電路技術的發明人諾宜斯和提出「摩爾定律」的摩爾，及一位快捷的主管葛洛夫，離開了快捷，另創新公司——英特爾（Intel）。

從兩位創辦人的背景——「積體電路技術的發明人」、「摩爾定律的提出者」不難了解英特爾成立之宗旨與其賴以生存的產品取向。我們亦可從該由公司的名字“Intel”，取自於「積體」、「電子」（Integrated Electronics）兩個英文字的組合來窺知一二。

英特爾成立的目的，開宗明義就是要開拓大型積體電子電路，其奮鬥的目標就是把成千上萬的電晶體放進微小的矽切片中。換言之英特爾成立之初，就將公司前途押在積體電路上。

各位看倌，你認爲諾宜斯和摩爾這次的選擇會成功嗎？

皇天不負苦心人，在眾人的努力下，1970年，英特爾領先業界，首先將半導體記憶體商業化，半導體記憶體並開始替代廣泛應用於電子計算機和其他電子儀器中的磁蕊記憶體。

在此我們要稍微介紹一下「磁蕊記憶體」與「半導體記憶體」。對電腦這種電子產品而言：它只感覺得到有電、無電之分別，所以它僅僅懂得"0"與"1"，電腦就是利用電流來代表"0"或"1"，並且用"0"或"1"來代表所有資訊。因此電腦記憶任何資料也都是將之譯成"0"或"1"，然後儲存在電腦記憶體中。

早期電腦記憶體是利用磁蕊來儲存資料，這是利用通過磁蕊的電流方向不同，所產生的磁場也就不同的原理來表示"0"與"1"。例如：我們將磁蕊順時針方向轉的磁場當做"1"，逆時針方向轉的磁場當做"0"，這樣一個磁蕊就可以記錄最基本的"0"或"1"，許許多多的磁蕊就可以用來記錄不同的資料了！

主記憶裝置（核心母體）

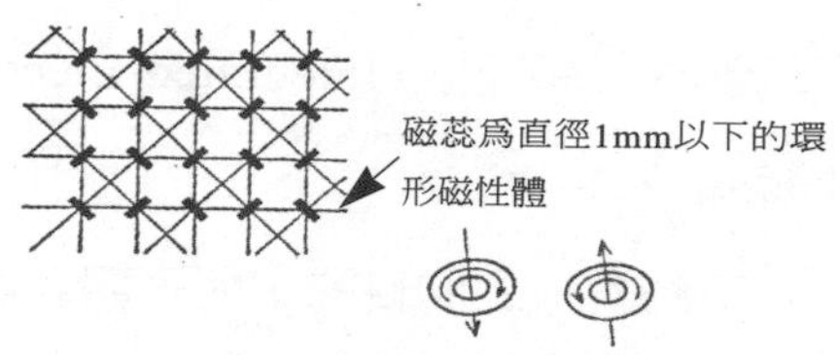

主記憶體使用「磁蕊」儲存資料，前後歷時幾有二十年之久。圖示磁蕊呈環狀，可以沿兩個方向磁化和極化。
磁蕊的極蕊代表磁蕊的「開」或「關」。

依照本書「縮小進化論」的法則來說：磁蕊記憶體一定有體積大、成本高、速度慢等缺點。的確！磁蕊記憶體就是因為有著上述「肥胖症候群」，所以當英特爾發明了「輕、薄、短、小、耗電少、速度快」的「半導體記憶體」後，無疑是宣告「磁蕊記憶體之死亡」（英特爾「1103記憶體」之廣告詞）。

「1103記憶體」是英特爾發展積體電路（把多個電晶體，放進微小的矽切片中）的第一個成果。「1103記憶體」中有許多電晶體、有許多儲存格，每個儲存格可儲存“0”或“1”，每一個儲存格就相當於“0”或“1”的穩定狀態。

英特爾的「1103記憶體」爲該公司啼聲初試之作。70年代初期，英特爾幾乎享有記憶體市場90%的占有率，這讓「英特爾」一詞成了「記憶體」的代稱，財源滾滾而來。不過，一年之後英特爾更以「微處理器」改變世界。

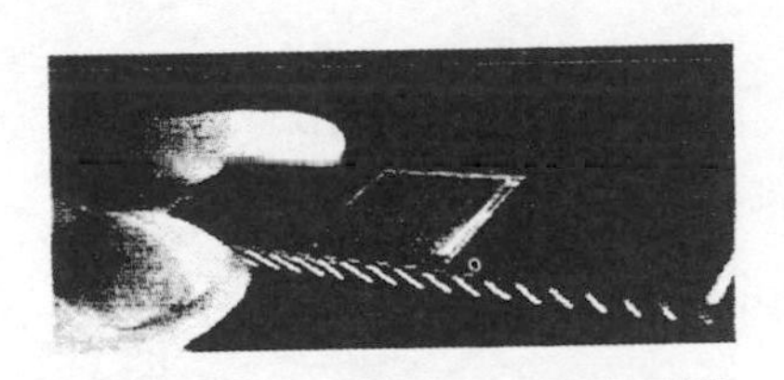

體積小、速度快、價錢低廉的半導體記憶體

放大600倍

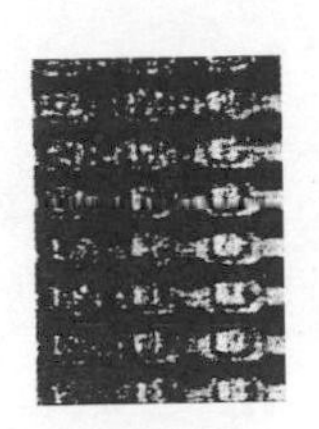

（裏面有32個電晶體）

電腦小常識

半導體與磁蕊

半導體記憶體，有體積小、速度快、價錢低之優點。

磁蕊記憶體資料存取的速度以「百萬分之一秒」為計算單位。半導體記憶體資料存取速度則以「十億分之一秒」為計算單位。

以價格言，磁蕊記憶體在1964年時，每百萬數元組約需兩百萬美元，而1979年的半導體記憶僅約需一萬五千美元，這是因為，半導體的「晶片」可以大量生產，更為經濟可靠。

但半導體記憶體的缺點是，必須經常有大電流通過，電流中斷時，記憶隨之消失而磁蕊記憶體則不需要。不過一年後(1970年)，英特爾亦推出了可永久儲存資料的記憶體——唯讀記憶體（ROM）。

英特爾之傳奇

——微處理器

什麼是「微處理器」呢？

「微處理器」就是將大型電腦的中央處理單元，以積體電路技術，縮小在一片拇指般大小的晶片中。電腦的中央處理單元，如同汽車的引擎、人類的大腦般，被喻爲是電腦的心臟或大腦，它控制著電腦的一切運作，從運算執行，到資料進出都得經由它。

隨著電子科技的進步，大型電腦的中央處理單元以由眞空管而電晶體、以至積體電路，還記得我們曾提到IBM於1964年4月7日正式推出的360系列電腦，就是有著「積體電路」與「向上相容」之特色而風靡全球的。

即使到了第三代以「積體電路」爲元件的電腦，由記憶、計算邏輯、控制等三個單元所組成的中央處理單元，仍是由一塊一塊偌大的電路板所構成的，這與電子元件所追求的「輕、薄、短、小」顯然還有一段距離。

在此我們先簡單的解釋一下，中央處理單元（電腦的大腦）的構成。其實電腦的思考模式宛如人類，而大腦是人類記憶、思考的器官。

人類的行爲，往往是以其生活經驗（記憶）爲基礎，來做思考推理的功夫。例如，有人問你：「81除以9等於多少？」你會將這個問題「81除以9」記憶在腦中，並依照記憶裏的運算公式中，如九九乘法來運算作出回答。

電腦的思想彷如人類，電腦的運作，也需將所要處理的問題（如180／9＝？）化爲編碼形式的信息（0與1的電流），先放在記憶體中，再依原本存於記憶體中的程式指令（九九乘法）來做運算、序列的工作。

電腦的大腦——中央處理單元，也是包含記憶、計算邏輯、控制三個單元。隨著英特爾半導體記憶體的發明，電腦記憶裝置被微化後，似乎意味著：大型電腦中，一塊塊電路板所組成的中央處理單元，也要更進一步的朝著「變小」之路邁進了（半導體記憶體的發明意味著中央處理單元中的記憶單元已經可以變小，因構成中央處理單元的三元件中已小其一，顯然「小中央處理單元」已呼之欲出了！）。

1969年，一家名爲Busicom的日本公司爲了開發桌上型電子計算機，秘密拜訪了英特爾的諾宜斯和摩爾。

這家日本公司希望英特爾爲他們的桌上型電子計算機，設計一套由十二個晶片組成的計算單元；然而，英特爾卻建議他們採用一般用途之單一晶片來代替這十二個晶片；這就是後來著名的4004微處理器。

英特爾將一個中心處理單位和兩個記憶元件放入同一微小

的晶片中，於是一個具備有記憶、計算邏輯、控制三個單元的「微」處理器就誕生了。「微」處理器它比以往大型電腦一塊塊電路板所組成的中央處理單元小多了！所以，我們稱它爲「微」處理器。

「微」者：小也。「微」處理器，就是「小」的中央處理器、「微體化」的中央處理器。4004微處理器究竟有多小呢？它只有大拇指般大小，卻結集了2200個電晶體，有著完整中央處理單元的功能。

由於微處理器具備完整中央處理器所需，即記憶、計算邏輯、控制三個單元及控制電路系統的小型電子裝置，故其用途廣泛，其實只要加上適當的「輸入裝置」如鍵盤和「輸出裝置」如螢幕，一台功能完備的電腦就成型了。

即使是同一顆微處理器，只要改變其內部記憶程式，和外部電路，就能依不同的程式處理、控制電路，以達成不同的目的。所以微處理器不單只是高速的算數計算器，應當說是一種訊息處理機器，能對任何化爲編碼形式的信息（0與1的電流）做運算、序列的工作，加上其體積小的優點，因此不論是家電用品、汽車引擎、紅綠燈，或是電梯、電話等通訊設備，任何機械都能利用其來控制電路，做不同的操作。

例如原本功能簡單的冷氣機、電風扇，加上微處理器與控制電路後，不僅可以預約開機、關機，又有可定溫、遙控等功能，您看！原本單調平凡、功能簡單的冷氣機，加上微處理器就變成了「微」電腦冷氣機，且功能更多樣化。

看一看你的周圍，從冷氣機、電風扇、洗衣機、微波爐、錄放影機等，是不是都已冠上了「微」字呢？這些「微」字輩的家電用品，將我們的生活點綴的更多采多姿、更便捷舒適。

進入微處理器時代的電腦，我們稱之爲——微電腦。與前幾代的大電腦相較，微電腦有著截然不同的構造，使用微處理器的微電腦其大小只有「億尼卡」的兩百萬分之一，功能卻更形強大，但價錢卻僅需「億尼卡」的尾數，一、兩千塊美金而已。

自此電腦不再是政府與公司行號的專利了，電腦逐漸進入每個領域、每個家庭之中，更進而引發了一場資訊革命，隨著「個人電腦工業」的欣欣向榮，許多新的傳奇、新的故事不斷的上演著，而本書就是敘述他們的故事。

第三章 意外帝國

微處理器這種體積只有拇指般大小，但其內部電子線路卻有完整中央處理器所需具備之記憶、算數邏輯、控制三個單元的小晶片，於70年代初期被發展出來。

由於微處理器只是片小小的晶片，可以很容易的裝進打字機、收銀機、冷氣、電扇、交通號誌等任何機器上，也就是說，隨著「微處理器」問世，「製造一台人人買得起、會操作的廉價小電腦」已非夢事了！

只不過，這一次隨著資訊洪流竄起的不再是IBM、迪吉多、惠普等知名大公司，反而是一些買不起大電腦，卻又「哈」電腦「哈」的要死的電子玩家，這群小伙子們，居然意外的「玩」出了一個意外的電腦帝國，改變整個世界。

微處理器這種體積只有拇指般大小，但其內部電子線路卻有完整中央處理器所需具備之記憶、算數邏輯、控制三個單元的小晶片，於70年代初期被發展出來。

由於微處理器只是片小小的晶片，可以很容易的裝進打字機、收銀機、冷氣、電扇、交通號誌等任何機器上，因此，當時的工程師無不絞盡腦汁、用盡方法的想將微處理器應用於工業、機械等方面，畢竟這種可大量生產的廉價電子零件，比起由齒輪、傳動軸構成的傳統機械設備，更靈活且聰明許多。

用途廣泛的微處理器其發展前途無疑是不可限量，不過由於初問世不久，誰也不確知其發展方向會是什麼，大家顯然還在摸索中。就連英特爾的諾宜斯也認為：「微處理器主要市場可能是鐘錶，或者是烤箱、收音機、汽車等方面之應用。」

當然囉！現在的你一定知道，微處理器只要加上適當的「輸出、輸入裝置」（如螢幕、鍵盤），一台功能完備的電腦就可以成型了！

可是在當時，所謂的「電腦」，還是由專案人員操作、昂貴無比的「大怪獸」；大多數人的思維已被僵固在「大電腦」的世界裏，他們又怎麼想得到，隨著「微處理器」問世，「製造一台每個人都買得起、會操作的廉價小電腦」已非夢事了！

此外，對於電腦公司的主管而言，他們習慣將一台數十萬、數百萬美元的「電腦」，賣給那些能僱用電腦工程師、程式設計員的機構與大企業，他們認為「誰會希望在家裏安裝電腦呢？」同時圍繞在電腦四周的「神秘色彩」，是他們得以向消費者「騙吃騙喝」之把戲，何必「解放電腦」，拿石頭砸自己的腳呢？

所以，這一次隨著資訊洪流竄起的不再是IBM、迪吉多、惠普等知名大公司了，反而是一些買不起大電腦，卻又「哈」電腦「哈」得要死的電子玩家，和一些無法插足於大電腦市場的小電子公司。誰又知道，這群小伙子們，居然意外的「玩」出了一個帝國，改變整個世界。

史上第一台微電腦
——阿爾泰

1974年，一家位於新墨西哥鎮的小公司，用英特爾的8080微處理器，和一片記憶晶片設計出史上第一台微電腦——阿爾泰（Altair）。

雖然名為「史上第一台微電腦」，但以現在的眼光來看，阿爾泰電腦顯然不是一台上得了檯面的電腦，它既沒有鍵盤、滑鼠，也沒有螢幕、磁碟機等「應有」的基本配備。那麼，阿爾泰電腦究竟是什麼東西呢？

阿爾泰電腦它是一套標價400美元，沒有組裝好的電子零件。費盡功夫，實際把它組合焊接起來後，它的外表像一個金屬盒子，沒有鍵盤，也沒有螢幕。資料的輸入，是撥動一具開關面板，而且只能用0與1的機器語言和電腦溝通。資料的輸出，則是利用前面面板上，燈號的明滅來表示。

上圖組裝完成的阿爾泰電腦是一部沒有鍵盤、螢幕的雛型電腦。只能撥動開、關面版，透過燈號的明、滅，用0與1的機器語言和它溝通。

阿爾泰電腦顯然並不是個

完美的消費性商品。它，只有懂得技術的工程師或熱中於電腦的電子玩家才能搞定，距離能被一般消費大眾接受的消費性產品還有一大段距離。

雖然阿爾泰電腦只具備電腦的雛型，但它代表了一個新時代的來臨，它就在你面前，就在你桌上，這意味著，電腦將可以像計算機一樣，人人買得起、個個有一台。阿爾泰電腦的出現，在電子玩家中掀起了一陣旋風，進而帶動了微電腦的革命。

現在的全球首富，微軟總裁比爾蓋茲，當年是一位十九歲的哈佛大學學生，當時比爾即是被「阿爾泰旋風」所牽引，爲阿爾泰電腦設計出史上第一套微電腦專用的「培基語言」。

比爾的「培基語言」不但更進一步的強化阿爾泰電腦的實用性，更爲阿爾泰電腦吸引了眾多買家，這套「培基語言」更是比爾的成名作、微軟公司的頭一套軟體，不過在更進一步訴說這段傳奇之前，還是先交代一下比爾的成長背景和他與電腦結緣的經過吧！

微軟風雲

——少年軟體天才

1955年10月28日生於美國華盛頓州西雅圖市的比爾蓋茲從小便與眾不同，小小的腦子裏往往充滿了一些奇特的幻想，他的父親比爾蓋茲二世是一位律師，母親瑪麗年輕時是一位中學教師，結婚後便辭去教職，相夫教子，並積極的參與慈善性的社團組織。

比爾從小就具有競爭性，不管是在打網球、滑水等運動，或是學業上，比爾總是喜歡「贏」，而且往往也是「贏家」。他在數學和科學方面的成績遠遠超過同班同學，在學校所舉行的性向測驗中，數學成績是滿分；智力測驗的結果，老師說：「他屬於天才型的小孩。」

爲了栽培這位小天才，比爾的父母將他送往一所學費昂貴，師資、設備一流的私立學校——湖邊中學。60年代末期，電腦剛被用於工商界，儘管當時的電腦還是一件相當稀有的「奢侈品」，但是西雅圖湖邊中學的管理當局，似乎預見電腦的潛力及重要性，他們決定讓學生能夠領先潮流，儘早接觸在當時極爲先進的電腦科技和電腦語言。

然而電腦昂貴的價格，實非學校所能負擔得起，但湖邊中學還是排除萬難，並由校長向母姊會募款，購進一部迪吉多PDP-10小型電腦，才使電腦教學計畫順利的推展開來，在這因緣之下，少年比爾得以接觸到電腦，從此改變他的一生。

比爾接觸電腦後，很快地迷上了。為了多操作一下那部全校僅有的電腦，比爾有時縮短自己體育課的時間，有時則在晚上偷溜進學校，以一親電腦芳澤。比爾的第一個電腦程式就是在這時候完成的，他寫了許多指令，來「操作」電腦，並測試自己的功力，這時比爾結識了大他兩歲的同校同學保羅艾倫。

保羅也是一位標準的電腦迷。由於當時學校老師對於電腦這門新奇的玩意也不甚了解，兩人求教無門之餘，只有四處搜尋各種說明書和電腦操作手冊。保羅的父親是華盛頓大學圖書館的副館長，在耳濡目染之下，保羅養成愛讀書的習慣，他尤其喜歡科幻小說和有關電子科技的雜誌，比爾則喜歡閱讀商業性的週刊。

一天，比爾跟保羅坐在學校的草坪上口沫橫飛的談論電腦科技的未來和自己的抱負時，少年比爾一副正經的說：「也許，我們應該跟外面眞實的世界聯繫。把我們的想法和電腦程式賣給他們呢。」

究竟是什麼原因驅使比爾在小小的年紀就有這種「靠電腦賺錢」的想法呢？原來比爾的父母只替他付湖濱中學的書籍和學雜費，而電腦使用時間的費用，比爾就必須自己想辦法支付了！

當時，電腦剛被應用於工商界，迪吉多PDP-10電腦的軟體程式中有許多錯誤的地方，電腦程式中的錯誤，一般被稱爲「臭蟲」，而找出錯誤則被稱爲「除蟲」，「除蟲」是確保電腦軟體可以順利執行的重要工作。因爲「臭蟲」存在於程式中，有如一顆不定時炸彈一樣，不知何時會引起電腦當機，或是導致某種錯誤的運算，造成使用者嚴重的損失。

學校放暑假時比爾和保羅找到了一份「除蟲」的工作，這份工作的收入對中學生來講相當可觀，一個暑假大約可賺五千美元，一部分是現金，另一部分則是使用電腦的時間。

「除蟲」的工作對於這兩位「電腦癡」而言，可謂是「有的吃又有的拿」，這工作令他們勝任愉快。雖然最後他們的「除蟲報告」達三百多頁，但兩人還意猶未盡的發下宏願：要將PDP-10電腦中的所有「臭蟲」一一滅絕。

中學時期，比爾和保羅這兩位十餘歲的電腦鬼才，就靠著「除蟲作戰」的豐富實務經驗，累積深厚電腦功力。有一次比爾解破了學校電腦的密碼，篡改電腦的使用時間表，以降低自己的使用費用。他也曾「好玩的」利用PDP-10電腦，入侵全國性的電腦網路，搞得整個系統當機停擺——雖然比爾因而被嚴懲，但也令他聲名大噪。

歷經了「除蟲大作戰」和「網路入侵」事件後，比爾和保羅聲名遠播。在當時，熟悉迪吉多電腦的程式工程師聊聊無幾，於是有人就越過州界，慕名而來，1970年12月，一家位於奧勒岡州的公司，派人到西雅圖找上比爾和保羅，希望兩人能替他們撰寫薪資管理程式，這份差事又令比爾和保羅賺進了價值達一萬美元的電腦時間，這使他們得以盡情的遨遊一整學年的電腦世界，而無後顧之憂。

1971年，在學校老師的推薦下，比爾被指派爲學校撰寫一個「排課程式」。該程式是被用來分配各班級上課的學生，比爾在程式中加了幾個指令，儘量讓自己在某些課程中，成爲班上唯一的男生，或者安排自己坐在美麗的女孩們中間。

中學時期的比爾不僅藉著電腦充分展現自己的天賦與實力，更深深的沈迷其中。不過，對自己未來的前途發展，比爾似乎尙無定見。雖然，比爾不時有股衝動，想要開設公司、自行創業，但他又想完成大學學業，因爲他也對數學和經濟學深感興趣。

然而，最後比爾卻選擇去哈佛大學攻讀法律，也許是受父親的影響，他覺得做個律師也滿不錯的。所以在1973年的秋天，比爾成了哈佛大學的新鮮人。

微軟成立

1974年12月，保羅興匆匆的將一本詳細介紹阿爾泰電腦的雜誌《大眾電子》交到比爾手裏。

看著雜誌，保羅以極興奮的語氣對比爾說：「這是一個革命的時代，這時候我們還有什麼理由靜處於校園裏！咱們絕不能錯過這個機會！」如同日後比爾回憶起當時，仍悸動的說：「我們固然爲阿爾泰的出現感到興奮，但想到個人電腦的奇蹟將因此展開，便久久不能自已！」

你我或許無法感受到比爾與保羅的悸動；可是，如果我們試著跟少年比爾回到三十多年前的那個時刻，或許悸動之情也會油然而生。三十多年前，60年代晚期，人類實現了踏月之夢，一個昂然的新時代，似乎因此而開展。

電腦在當時是許許多多年輕人的夢，但是一台數十萬、數百萬美元的大電腦，往往被供奉著在特製的冷氣房裏，電腦是政府、企業的專利，即使是類似迪吉多的迷你電腦，其價格也只有從事研究工作的實驗室才敢問津，總之當時「電腦」一詞，是高科技的象徵，是一般人遙不可及的神奇機器。

可是少年就是愛作夢，對於許許多多熱中電子、沉迷於電腦奇妙世界的年輕人而言，他們的夢就是，有一台電腦，並徜徉於其中。想想看，就在某一天，冷氣房裏數十萬美元的龐然機械，剎時間化成廉價的小玩意，出現在你眼前，這番美夢成眞的神奇遭遇，你如何能不怦然心動呢？

由於整個微電腦產業，剛處於萌芽階段，所以大部分的微電腦，都如同阿爾泰電腦一樣，使用微處理器直接可瞭解、由0（有電）與1（無電）所組成的機器語言。電腦所認識的只是0與1，因此要指揮其工作，就必須輸入由0與1組成的不同機器代碼，在使用上顯得非常不方便，這種複雜的機器語言，只有少數專業人士才懂得，一般人對這種東西均退避三舍。

因此，如果能爲剛起步的微電腦，提供一種較簡單、較易爲人接受的程式語言，則微電腦才有機會被一般大眾所接受，進而創造出無窮的商機。

由於察覺到個人電腦的奇蹟之旅將因此展開，比爾與保羅決定合作，爲剛剛誕生的個人電腦設計程式語言。

比爾決定將當時在大型電腦上頗爲流行的培基語言改編，讓培基語言在個人電腦上的微處理機器也能運作。

在1975年的時候，培基語言被公認是最容易學的程式語言。培基語言它把普通英文式的指令，自動轉換成機器語言，讓人可以像寫英文一樣的方式來寫程式。例如使用者只要寫出英文「列印」（PRINT）的指令，電腦就會從印表機印出所想要的結果，這在以往可能要寫上長長的數十行指令，才能執行同樣的結果。

比爾所做的就是將大型電腦上廣受歡迎、易學、易用的培基語言，改編成個人電腦所能運作的語言。相對於大型電腦，具有五萬到十萬字的記憶體容量。阿爾泰電腦的記憶體總共才四千字元而已。換言之，爲了同時容納培基語言和軟體程式，比爾所寫的培基語言一定得小於四千字元。其困難程度就像要將大人所使用的語言，改編成讓識字不多的小孩子來使用。

爲了替阿爾泰電腦發展培基語言，比爾首先當然得找到一套阿爾泰電腦，無奈卻四處找尋不到。比爾只能從雜誌上的配線圖，試著推想阿爾泰電腦的結構與機能，並藉著學校的迷你電腦來模擬阿爾泰電腦的英特爾8080微處理器。

60天後，他們寫了一個培基語言，可以在學校電腦中模擬的阿爾泰電腦運作，可是到底能不能在真的阿爾泰電腦上執行，比爾和保羅誰也沒把握，畢竟他們並沒有看過、摸過真的阿爾泰電腦。

1975年2月，保羅一早便搭飛機前往新墨西哥州阿爾泰電腦的製造商處。在此，保羅總算第一次看到完整的阿爾泰電腦，保羅拿出比爾開發出的培基語言實際的用到阿爾泰電腦上，很幸運的，它居然能毫無錯誤的操作。該公司立刻以約三十萬美元的代價，取得使用及行銷這套軟體的權利。

受到這次成功的鼓舞，比爾中輟了哈佛大學的學業，在1975年7月和保羅在新墨西哥州成立了微軟公司（Micro-soft）。

Micro-soft取自英文微電腦（Microcompuer）、軟體（Software）兩字。其宗旨很明顯的就是爲微電腦開發軟體。後來比爾就靠著販賣軟體成爲全美首富，由此觀之，這實在也不枉當初比爾以「微軟」（微電腦軟體）爲其公司的名字了！

有一句台灣諺語：一時風，駛一時帆。這句話意味著：看情勢做事，情勢怎麼變，你就怎麼做。做任何事，若能順勢而爲，則必能事半功倍、無往不利。阿爾泰電腦無疑的掌握時勢，掌握了將記憶體與微處理器結合的時勢，成了微電腦的先驅，而名噪一時。這就是因爲風至揚帆，故能狂飆千里。但在整個混沌未明的微電腦業界中，下一波風起時，誰——會先張帆呢？

蘋果電腦傳奇之一

——伍茲尼克

自1977年起，一些像電腦的電腦終於出現了！就類似你現在所看到的個人電腦一樣，有鍵盤、有螢幕，更重要的是，你可以不需要用培基語言來寫程式了！在市面上，有一些別人寫好的套裝軟體，只要你花點錢，將這些軟體放在電腦上，就可以利用你的微電腦，來做一些會計處理、收支管理，或是教育、打字等工作；當然囉，也有些人是因為它可以用來玩電動玩具而買的。

這些微電腦第二代產品，快速發展。在眾多的微電腦第二代產品中，又以引爆全球個人電腦風潮的「蘋果電腦」為其中翹楚！

1976年，一個大學的休學生伍茲尼克（Steve Wozniak，朋友們暱稱其為伍茲）在自家的車庫中，也拼裝出一台自己設計的微電腦。

如同矽谷的許多小孩一樣，伍茲的父親是工程師，像伍茲這些出生於50年代矽谷的小孩，恰好伴隨著矽谷的快捷、德儀、英特爾、惠普等知名公司一起成長。

在那個電子科技初露曙光的年代，他們從小耳濡目染，看著父執輩們在週末假日裏，捲起袖子，拿著電晶體、焊鐵在自家院子或車庫裏鑽研新技術，冀望能在這個新領域中，追尋自己的一片天。電子世界的一切東西，對這些矽谷小孩而言已是理所當然、司空見慣的！

70年代，當美國其他的小孩子正在為搖滾明星傾倒時，伍茲的房間裏卻掛滿著電腦圖片，地上則散落著電子元件和電腦技術說明書，當時他已下定決心，有朝一日一定要擁有自己的電腦。為了實現這個夢想，1973年，伍茲從加州大學柏克萊分校休學，繼續著他的暑期工作——在惠普公司的電腦部門實習。

這時電子科技的進展隨著積體電路、微處理器的發展，正展現出無與倫比的遠景。凡是熱中於電子的年輕人，常在一起擺弄各種電子玩意，他們都想「搞」出一台微電腦來向同好、朋友炫耀。伍茲的電腦由於穩定性佳，比當時市面上其他產品還可靠，因此在同好間頗有美名。

如同比爾蓋茲、保羅艾倫共組微軟投身微電腦事業。伍茲的好友史提夫傑伯更是蘋果傳奇中不可或缺的要角，甚至有人認為，如果不是史提夫，伍茲的電腦可能還只是用來向同好、朋友炫耀的「玩意」而已，但憑著史提夫對電子技術的一點涉獵，精準的商業眼光和賭徒般的個性，將伍茲的電腦推向世界的舞台，為「蘋果電腦」譜出動人的第一樂章，在下一節「蘋果傳奇之二史提夫傑伯」中，其傳奇故事即將展開。

蘋果電腦傳奇之二

——史提夫傑伯

出生於1955年2月的史提夫小伍茲五歲和比爾蓋茲同年，當他還在牙牙學語時，蕭利克博士正以電晶體爲他們日後一展長才的舞台奠下根基。

這名出世不久的小男孩被母親拋棄後，旋即被一名修理汽車的黑手老史提夫所收養。雖然，老史提夫夫婦並不富有，但他們對這個活潑、聰明的小男孩卻疼愛異常，只要小史提夫嚎啕大哭，往往可以得到他想要的東西。

小學時期的史提夫是個聰明、不用功，古靈精怪又叛逆的小孩。只要他不喜歡的事情，任憑老史提夫夫婦如何懇求，他都拒絕照辦。在學校裏，他總是獨來獨往，對團體活動不感興趣，也從未加入童子軍或少棒隊。

小學四年級的時候，史提夫遇到了一位影響他一生的老師西爾女士。西爾將史提夫的脾氣摸得一清二楚，爲了鼓勵史提夫讀書，她甚至用物質激勵史提夫。西爾對史提夫說：「只要你將這本練習簿做完，我就給你五美元。」以後西爾又買了一套攝影器材，來激勵史提夫上進。

在西爾的教導下，史提夫在這一年所學到的，比入學以來的總合還多。老師要他跳讀兩級，直接進六年級學外文，但老史提夫夫婦反對。最後，他們同意讓史提夫跳一級，進入五年級。後來史提夫回憶起這段日子，他認爲，要不是西爾讓他跳讀一年，將他和一位品性惡劣、喜歡吵架的死黨分開，他可能早已琅璫入獄了！

不過最令小小史提夫感興趣的卻還是鄰居那些電子工程師手中的電子元件。他總是在這些大人身邊問東問西，以窺探神奇的電子世界。就是這時候，史提夫認識了高他五年級的電子高手——伍茲。

這時18歲的伍茲，靠著參加中小學電子科學展屢屢獲獎的記錄，在當地已小有名氣。史提夫很快的和伍茲交上朋友，不過史提夫就是缺乏伍茲那種對電子技術認眞執著、苦幹實幹的精神。史提夫往往沒有耐心和毅力，他總會被新的電子元件、新的問題所吸引，所以史提夫始終缺乏向伍茲一樣高超的技術。

另一方面，在史提夫的成長過程中，「工人養子」的身分常令他感到不安，他總認爲自己是個來自德州的孤兒，甚至常有「千里尋親」的想法與衝動。所以史提夫的心始終無法安定下來。

中學畢業後，史提夫曾考慮過上史丹佛大學，因爲他在中學時曾去那裡聽課。但他心裡卻一直有個聲音說：「那裡的每一個人都知道他們這一生想做什麼，而我卻根本不知道。」所以後來他選擇了一所極負盛名的自由派藝術學府——里德學院。

史提夫在第一次參觀里德學院時便愛上這所學校，他認爲，「在這個地方，沒有人知道他們打算做些什麼，他們都只設法了解生活……」1972年夏天，當史提夫的父親打電話他告訴他說，里德學院錄取他了，他簡直欣喜若狂。於是史提夫成了該校的新鮮人。

70年代，美國自越南全面撤軍，失去了「反戰」議題的年輕人，不再熱中政治，轉爲追求「自我實現」。於是美國從60年代的大我主義步向70年代的個人主義，而迷幻藥、東方玄學等東西則成了某些人「自我實現」的方法。

這些轉變和史提夫的本質不謀而合，所以他進入大學後，也熱中於「追求自我、找尋眞理」。他迷上了齋戒、沉思、打坐等東方玄學。

當1974年比爾蓋茲爲「阿爾泰旋風」所牽引，正終日與鍵盤爲伍、辛辛苦苦的寫著「微電腦版培基語言」；當伍茲正拿著焊槍，鍥而不捨的追逐他的自製電腦夢時，我們的史提夫卻乾脆連書也不讀了，他要到印度靈修聖地——喜瑪拉雅山去找尋高僧，追求人生存在的眞義。

「印度」是個怎樣的地方呢？第二次世界大戰前，印度半島原爲英國的殖民地。戰後，於1947年因宗教問題分裂成信奉佛教的印度和回教的巴基斯坦。

獨立後的印度半島，又因巴基斯坦內部教義解釋的不同，而有眾多的派系，彼此互相爭論不休，甚至引起武裝衝突。70年代原本屬於巴基斯坦的孟加拉欲脫離巴國獨立，雙方爆發了嚴重衝突，最後印度亦捲入其中，使得整個印度半島陷入漫天烽火。

爲了追求人生眞理的史提夫在1974年的夏天從富庶的美國大陸走進了這片如人間煉獄般的土地。史提夫以苦行的方式沿印度文明的發源地恆河而上，展開他的朝聖之旅。

史提夫瞠目結舌的看著恆河岸邊凹壁裏盤腿而坐的修行者；看著載著死屍、裝飾得五顏六色的竹筏燃燒河上隨波而逝，看著飽受戰亂、天災摧殘的黎民百姓陳屍荒野……

在印度，史提夫幸逢一場十二年才舉辦一次的大法會，卻迷迷糊糊的被剃了渡，成爲和尚一族。有一天精疲力盡的史提夫睡在乾枯的河床上，夜裏突然間風雨交加，突來的大水險些令他喪命異鄉。

史提夫歷經千辛萬苦終於找到了一位轉世活佛，當他興高采烈的請求大師開示時，卻赫然發現眼前的「活佛」只是一位穿著時髦、言不及義的「摩登和尚」。最後史提夫身染疥癬、痢疾，再加上盤纏也將散盡，令他不得不打道回府。

雖然史提夫歷經這場多災多難又不成功的朝聖之旅，卻未打消他修道的意志。不過這卻使他可以比較務實的面對人生。史提夫回國後，在一家電子公司上班，並等待機會的來臨。

蘋果電腦傳奇之三
——霸業初成

話說1976年，伍茲在自家的車庫中拼裝出一台自己設計的微電腦。雖然伍茲的電腦和阿爾泰電腦一樣，沒有機殼，沒有鍵盤、螢幕，只是一台稍具雛型的微電腦，但由於穩定性高，在同好間也頗負盛名。

對伍茲來說，他做這一部小機器不過是玩玩而已，這是他的嗜好、他的夢想，僅此而已。但對史提夫來說完全不是這回事，他在這部初具輪廓的機器中看到了機會。史提夫建議伍茲成立一家公司，將這些機器對外出售。

伍茲一想到要拋棄在惠普公司安定的工作，把嗜好變成生意，投向不可知的未來，就感到有些不自在。可是史提夫就是有一種說服他人的本事，他說：「你看，所有的同好對這機械不是都讚美有加嗎？這正是我們的機會啊！」。

由於史提夫並不需要伍茲辭去原本的工作，所以伍茲就勉強同意了。後來史提夫果然又賣掉了五十部同型的機器給當地的電腦店（一部定價六百六十美元），並且又獲得一些玩家的青睞，賣了兩百餘部。

如同比爾蓋茲的第一步——將培基語言賣給阿爾泰電腦，

受到鼓舞而成立微軟公司；史提夫也從這些自己手工組裝的電腦，看到了未來。

「……將微電腦用機器大量生產，壓低成本，推廣至企業界可用於會計、銷售、存貨等管理，將可取代昂貴的大電腦，節省企業成本……」

「……每個家庭、每個人都可以運用，這是一個好機會，這將是一個廣大的市場。」

史提夫是第一個將電腦定位為類似汽車、烤麵包機一樣，「個人」可以擁有的工具；這在當時可是破天荒的觀念。

為了自行創業，史提夫和伍茲賣掉了他們的二手車，湊了一千三百美元。史提夫又說服了一些投資機構參加投資，自此，蘋果電腦於1977年成立於加州，並推出一台擁有乳白色塑膠外殼，造型美麗、討喜的——蘋果二號電腦。

七年後，蘋果電腦成了營業額超過十億美元的大企業。在此同時，製造出阿爾泰電腦的製造商，正因阿爾泰電腦穩定性低等缺點而面臨瓶頸，不久這家公司就被併購了。

個人電腦在蘋果二號電腦問世後，其在電腦市場的地位才被確定。如同前述，蘋果二號電腦已經脫離了阿爾泰那種要自己組合，沒有鍵盤、螢幕、磁碟機，還要自己寫程式的原始電腦。

阿爾泰電腦是要賣給那些對技術狂熱的玩家和工程人員，他們樂於花好幾個星期自己動手「搞」出一台電腦；他們樂於自己撰寫程式、鑽研技術，想成為電腦專家，這種人——有！但不多，所以市場有限。

真正大的市場在於一般消費大眾，而他們會接受的電腦必須要不費什麼力氣，就能發揮功能，就一般消費者的立場而言，電腦最好如同電視機一樣，插上電就可以使用，是一種人人都會操作的消費性電子產品。

與上一代的微電腦相比，蘋果二號電腦的成功之處，在於它是第一台看起來像是消費性電子產品的微電腦，它不像阿爾泰第一代微電腦，有一堆插頭、開關，令人望而生畏。所以，一般消費大眾也會對它有興趣並嘗試著去接觸它。

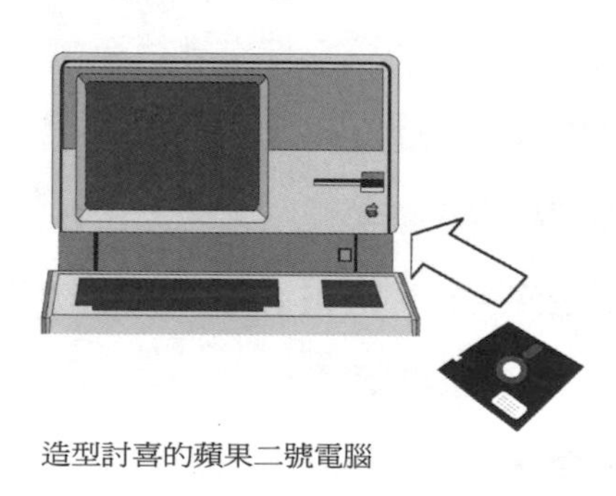
造型討喜的蘋果二號電腦

蘋果二號電腦，就如同您現在所看到的個人電腦一樣，有鍵盤、有螢幕、有磁碟機，反正該有的都有了！更重要的是，你可以不需要用培基語言寫程式，就可以操作它。市面上有一些別人寫好的套裝軟體，只要你花點錢，將這些軟體「灌」在電腦上，就可以用電腦來處理會計、收支管理、打字等工作。

套裝軟體之於電腦，有如買唱片放在音響上播放，使得電腦的使用簡易多了。事實上，這也正是使得蘋果二號電腦能在眾多廠牌的微電腦中脫穎而出的重要因素（要用這些軟體必須有磁碟機，蘋果二號電腦是最早配備此設備的微電腦）。

蘋果二號電腦由於構造簡單，而且其使用手冊提供了詳盡的技術資料，因此使許多軟體公司，可以依照其技術資料發展應用軟體。

應用軟體如同電腦的血肉般，讓「電腦」這冰冷的機器生趣盎然、變化多端。在眾多的套裝軟體中"Visicalc"這個由軟體藝術公司於1979年所推出，專供蘋果二號電腦執行的財務管理軟體，更是蘋果二號電腦開疆闢土的大功臣。

Visicalc的設計理念非常簡單，讓企業人士可以不用學習程式設計，就能據以編制預算和財務規劃。由於此一軟體的熱賣，連帶使得蘋果二號更趨熱門，造成搶購熱潮；這意味著：單爲了Visicalc這套軟體，而買一台蘋果二號電腦，也值回票價。根據蘋果電腦的估計，從1977年蘋果二號電腦上市至1980年，在他們賣的十二萬多台蘋果二號電腦中，約有百分之二十主要是被用來執行Visicalc。

Visicalc的出現意味著微電腦不再僅適合教育和遊戲，而儼然已成爲商業上有價値的資產；也就是說，微電腦這年輕人的小玩意，敲開了企業界的大門、打進一個潛力極大的市場。

有了一台蘋果二號電腦、一套Visicalc，企業中的會計人員就不用到電算中心排隊等候報表了，以往這些煩人的工作現在在自己的辦公桌上就可以搞定了。

一直到今天，雖然Visicalc已經被微軟的Excel所取代，但這類被稱為電子試算表的軟體，早已成為辦公室必備的應用軟體，而其設計概念與基本格式無不源自於當年的Visicalc。

蘋果二號電腦的外型精巧美麗、親和力強，再加上其先進的設計、簡捷易懂的使用手冊、配合著眾多的應用軟體，因此即使是新手，也能有模有樣的操作起來，故其銷量才在各種品牌的微電腦中異軍突起、大放異彩。

蘋果電腦公司也因此一躍成為微電腦業界的龍頭。蘋果二號的熱賣，更在全世界掀起了一陣微電腦熱，美國數十家廠商、各種品牌的微電腦，爭食著這塊剛萌芽的大餅。在香港、台灣、日本，甚至於東歐、蘇聯，一台台仿冒蘋果二號的「柳丁二號」、「橘子二號」、「檸檬二號」等廉價仿冒品，在各地大行其道，微電腦所將引爆的資訊革命，熱切的被討論著，而蘋果電腦「兩個年輕人，七年之內，由車庫的一文不值到十億美元」的傳奇故事更成了傳頌一時、人所皆知的故事。

微軟、蘋果電腦的成功，顯示微電腦產業的無窮商機，更撼動了許多人的心。史提夫、比爾蓋茲成了年輕人的偶像，許多年輕人一心夢想到矽谷，到蘋果電腦公司工作，一起從事這場改變世界的資訊革命。投資機構則捧著大筆鈔票，睜大眼睛，尋找著下一個蘋果電腦……

第四章　混沌豪傑

英特爾、Zilog、摩托羅拉三雄頂立於微處理器市場。在軟體方面，數據研究公司、微軟、軟體藝術公司各在作業系統、程式語言、應用程式的領域上各領風騷。蘋果二號、康懋達等微電腦則是當時紅極一時的電腦……

微處理器的傳聲筒

作業系統程式

上一章中我們曾提及，自1977年起，一些「像樣」的微電腦終於出現了！這些電腦脫離了阿爾泰電腦那種要自己組合，沒有鍵盤、螢幕的原始電腦。而「作業系統程式」就是控制微處理器和其他周邊設備，如鍵盤、螢幕、磁碟機、印表機等互動的幕後功臣。

例如，在鍵盤上敲下的資料之所以會顯現於螢幕上，就是透過作業系統將鍵盤、螢光幕、微處理器連結在一起。當你在鍵盤上按下按鍵時，作業系統掃描過整個鍵盤，發現你按下一個按鍵，並將這個訊息再告訴電腦的硬體，於是你所按的資料就被顯現於螢幕上。

又例如當使用者對電腦下達指令，要將記憶體內「存貨數據」轉存至磁碟機的磁片上時，亦是透過作業系統找到磁碟片上的可使用區位，並決定要將此資訊存在磁碟的什麼位置，同時將這資訊寫進此一空間。即使是應用程式，也要依據作業系統的能力，來控制鍵盤、螢幕，指揮資料的進出。

「作業系統程式」可謂是微處理器和與其他周邊設備的「傳聲筒」，因此不同廠牌、不同設計架構的微處理器，往往需要各自不同的作業系統。而針對某一廠牌的微處理器、作業系統規格，所撰寫的程式語言或應用程式語言，也不能用於其他使用不同微處理器的電腦上。

微電腦產業的萌芽是由一家名爲“MITS”的小公司首先採用英特爾的8080微處理器發展出阿爾泰電腦後，許多小公司也紛紛如法炮製加入此一市場。

如同比爾蓋茲撰寫8080培基語言，賣給這些剛開始生產微電腦的小公司，由「數據研究」公司發展名爲“CP／M”的作業系統，則是當時業界賣得最好的作業系統，幾乎所有生產8080電腦的公司都將之買來，以作爲8080微處理器的作業系統。

作業系統霸主

數據研究公司

「C作業系統」的誕生得追溯到70年代初期，英特爾還是一個以生產記憶晶片為主的小公司。當時英特爾的微處理器部門繼開發出史上第一個微處理器4004後，又研發出史上第一個八位元微處理器8008和功能更強、可應付專業應用的8080微處理器。

因為微處理器只能了解由0與1所組成的二進位碼，所以工程師僅能以二進位碼或稍稍簡便的組合語言來模擬微處理器的運作，寫作程式。雖然這是對硬體控制最徹底、程式最精簡的電腦語言，但卻也最不容易學習和使用，用這種機器語言來編寫程式，往往是非常冗長且煩人的工作。

因此英特爾聘請一位名叫吉爾多的年輕教授為顧問，發展了一套能簡化程式寫作的"PL／M"高階語言。有了"P高階語言"，英特爾的工程師就可以拋開冗長、煩人的機械語言，用近似一般英文如READ（讀取資料）、WRITE（寫入資料）的高階語言，來為8080微處理器撰寫程式。

除了撰寫P語言外，吉爾多也用P語言，替英特爾開發了一套名為"ISIS"的作業系統，讓8080微處理器據以用來控制顯示器、磁碟機等周邊設備。

爲了投身這個剛萌芽的微電腦產業，吉爾多將ISIS作業系統修改後另外取名爲"CP／M"作業系統。1976年吉爾多成立了一家名爲「數據研究」的公司，向生產8080電腦的微電腦製造商推銷C作業系統。

在當時C作業系統是8080微處理器唯一的作業系統。任何微電腦，只要是採行8080微處理器爲中央處理器，就可以使用C作業系統，作爲微處理器控制鍵盤、指揮螢幕和資料儲存的依據。

事實上，供微電腦使用的磁碟機直到1972年才問世。由於是新開發出來的產品，故其品質並不太穩定，且高達五、六百美元的售價，在當時並不具備普遍推廣的條件。直到1976年，一些技術上的問題被克服後，磁碟機品質日趨穩定，在加上廠商的大量生產，其售價跌了將近三分之一，磁碟機才逐漸普及。而C作業系統的銷售量，也是自此慢慢打開。

然而，由於當時磁碟機並無標準規格，每一家磁碟機製造廠所製造出的磁碟機均不盡相同，吉爾多必須爲不同的磁碟機修改CP／M，才能使C作業系統能順利的控制不同廠牌的磁碟機。

1977年吉爾多對CP／M加以改良，將CP／M一分爲二。C作業系統中處理記憶檔案的單元仍維持不變，會隨磁碟、鍵盤等硬體的部分，而獨立成一個稱爲「基本輸出輸入系統」單元。

一直到今日，雖然C作業系統早已被遺忘，但「基本輸出輸入系統」（Basic input-output system，簡稱BIOS）的程式仍被燒錄於記憶晶片上，存在每台電腦的主機板之中。

經過吉爾多的分割，C作業系統被移植到採用8080微處理器的各種微電腦時，只要改寫主機板上「基本輸出輸入系統」以配合其他硬體，C作業系統則維持不變，不必做任何修改。就是由於C作業系統很容易的可以適用於不同硬體，用在各種不同的8080電腦上，因此很快的就風行起來。

微處理器的戰國時代

軟體商的乾坤大挪移

70年代中期，市面上除了發明微處理器的英特爾，其他的競爭者如德州儀器、摩托羅拉、國家半導體等公司，也自行開發或複製英特爾的技術，推出自己的微處理器。

有的微電腦製造商為了使自家的產品獨樹一幟，以吸引消費者的目光，紛紛選擇不同於英特爾的微處理器，組裝不同的電腦，他們吹噓自己的電腦採用最先進、效率最卓越的微處理器，搭配功能最強、最簡潔的作業系統程式，以招來消費者的青睞。例如1977年問世的蘋果二號電腦，就是以摩托羅拉6502微處理器搭配其專有的作業系統（由伍茲自己寫）而問世的。

各式各樣不同系統的微電腦，採用各自不同的微處理器、作業系統，似乎是微電腦業生氣勃勃、百家爭鳴的象徵。其實作業系統繁多、缺乏標準，對於整個微電腦的發展是相當不利的。因為，依據不同作業系統而開發的應用軟體是無法在不同的作業系統下交換使用的。

換言之，為蘋果二號電腦所開發的應用軟體，如Visicalc試算表，只能用在蘋果二號電腦上，若將Visicalc用在阿爾泰電腦上，是不能執行的。同樣的，微軟替阿爾泰電腦所開發培基語言，也不能直接用在蘋果二號電腦上。

但像是Visicalc這種大受歡迎的軟體，有如會下金雞蛋的母雞一樣，軟體商心裏不免打著如意算盤，「這東西如果能多賣幾套，靠它吃一輩子也沒問題呢！」購買其他系統電腦的消費者則對這個「好用」的軟體十分失望，心裏恨得癢癢的說：「爲什麼我的電腦不能用呢？」

於是，精明的軟體商將軟體程式內6502的程式碼，轉換爲8080的程式碼，經過這番工程浩大的修改過程後，Visicalc就能移植到其他電腦系統上，經過這番「乾坤大挪移」的功夫，不但一解消費者「相思之苦」，軟體商「一魚兩賣」，賺進大筆鈔票，眞是笑得嘴都闔不起來了呢！

微軟就是這種「乾坤大挪移」的能手，微軟也將其8080培基語言修改成6502培基語言，賣給蘋果電腦和其他採用6502微處理器的電腦商。到了最後，不管是微軟的培基語言或軟體藝術公司的Visicalc，在各種電腦系統上，都可以見到其芳蹤了。

硬體商爲了搶占市場占有率，捍衛各自系統的存活，在市場上拚的你死我活、互不相讓。另一方面，軟體商卻以「服務消費者」爲口號，完全不顧道義的遊走於各硬體系統間，大賺鈔票，這似乎就是身爲硬體商的悲哀吧！

作業系統繁多，缺乏標準，就有如各種不同品牌的音響，只能播放各品牌專屬的音樂帶；有如不同廠牌的車子，只能加各廠牌專屬的汽油，這不但令消費者無所適從，而且十分不方便。

在當時C作業系統，由於使用者眾多，依其爲架構開發出的應用軟體將近達一千多種，C作業系統儼然成爲當時業界的標準架構。CP／M的成功之道，除了前面提及，CP／M是當時最早進入市場8080微處理器唯一的作業系統和其易於移植的特性之外，英特爾的「家變」也是促使其成功的原因之一。

英特爾家變
——Zilog誕生

1975年有幾位主導英特爾微處理器開發的工程師，在一家創業投資公司的慫恿下，自創門戶成立一家名為“Zilog”的公司，並推一款功能比英特爾微處理器更強的“Z80”微處理器。

由於Zilog的研發團隊來自英特爾，他們所開發出來的Z80微處理器，可以接受8080的指令組和英特爾的產品相容，換言之，以往為英特爾微處理器所開發的軟體，如微軟的8080培基語言、CP／M作業系統和許多依據CP／M所開發的應用軟體皆可以用於Z80微處理器上。

Z80微處理器「相容和寄生」的策略大異於其他標榜著「功能特殊」、「先進架構」的英特爾競爭廠商。但也就是和英特爾相容，所以Z80微處理器一推出就有許多現成的8080軟體可供應用，消費者無需擔心應用軟體不足的問題，同時有兩家供應商競爭，對消費者也是更有保障。

軟體供應商更是樂意替此系統發展軟體，因為寫一個軟體可同時賣給兩家系統，這意味著投資一次可回收雙倍，這樣「好康」的事情，對精明如比爾蓋茲之輩，何樂而不為呢？

基於上述原因，Z80微處理器很快的在市場上占有一席之地，甚至喧賓奪主，對英特爾微處理器業務帶來極大的殺傷力，然而這種「一加一大於二」的加乘效果，卻使得該系統微處理器（英特爾系、Zilog）成爲市場主流。

電腦小常識

在台灣，英特爾的微處理器最早由神通電腦代理銷售。民國65年，神通電腦創辦人之一，二十七歲的邰中和，因看好Z80微處理器的前景，離開神通與施振榮另創宏碁電腦，代理Z80微處理器，從此揭開台灣資訊業宏碁、神通兩強爭霸的序幕。

話說天下大勢

IBM出招風雲再起

很顯然的，在這場「八位元微處理器之爭」中，由於使用者眾多，英特爾系（包含Zilog）獨占市場鰲頭。此外，除了摩托羅拉在蘋果二號的「撐腰」下，仍頑強抵抗，其他廠牌的微處理器皆已被淘汰出局了。

而C作業系統就在這「微處理器雙強」的庇蔭之下成為業界標準。當時CP／M的強勢可以從使用6502微處理器的蘋果二號電腦，也不得不推出「Z80轉換卡」，使蘋果二號電腦進入了C作業系統軟體領域，可見一斑。

整個微電腦產業發展至此，我們可以看得很清楚，英特爾、Zilog、摩托羅拉三雄頂立於微處理市場。在軟體方面，數據研究公司、微軟、軟體藝術公司各在作業系統、程式語言、應用程式的領域上各領風騷。而蘋果二號、康懋達等微電腦則是當時紅極一時的電腦。

十倍速的產業，十倍速的變動，前述諸強並列、混沌不清的局勢，一年之後，將隨著IBM的出招而重新洗牌，上述PC英雄，到底誰中箭落馬，為資訊狂潮所吞噬？誰又將再續風雲、鞏固霸業？請看下回分曉！

第五章 藍軍出招

1977年，蘋果二號問世後，在世界上引起的一陣微電腦風潮，令許多人怦然心動，一些大企業也意圖指染此一新興市場。

的確！到了1980年，美國境內，這個由電腦玩家，不經意玩出來的微電腦市場，銷售額已經達到了10億美元了。這麼龐大的市場，引起他人關愛的眼神，進而想插足其中、分一杯羹。這其中最引人注目的就是「藍色巨人」IBM的動向……

藍色巨人稱霸

IBM的光榮歷史

在欲跨足微電腦市場的眾家好手中，素有「藍色巨人」之稱的IBM，挾著完美的品牌形象、雄厚的財力、豐富的資源，也欲跨足這個其原本不屑一顧的微電腦市場。這令許多因爲微電腦市場而蓬勃發展的小公司聞之色變。

畢竟IBM才是電腦市場的龍頭老大，當然囉！這裏所指的「電腦市場」是指自1946年億尼卡電腦一脈相承發展而來的「大電腦」，而非類似蘋果電腦這種以微處理器爲心臟的「微電腦」。

IBM自1951進入電腦業以來，即大量的投資於電腦的發展，在這三十年間IBM利用靈活的行銷手腕和周到的服務，成爲世界上最大的電腦公司。至70年代末期，IBM的員工人數約三十萬人，每年有三百億美元的營業額及數以百計散布於世界各地營業據點，可與19世紀號稱「日不落帝國」的英國相提並論。

70年代“IBM”這三個字，象徵著全球資訊工業的圖騰。政府機關、企業組織裏，擺著一套掛有“IBM”品牌的電腦系統，是其「電腦化」、「跟得上時代」的最佳表徵，有助於形象的提升。由於IBM的領導階層、業務代表們，都穿著深藍色的西裝，同業因而將這個雄據於資訊國度的霸主，稱爲「藍色巨人」（Big Blue）。

IBM致命傷

肥胖症候群和大電腦情結

凡事有利必有弊，IBM這個身軀龐大的巨人，無可避免的也罹患了行動笨重、反應遲緩的「肥胖症候群」。80年代初期，IBM的員工數約爲三十八萬人，當時員工要購買設備之公文，得旅行經過三十個層級才能被批准。70年代的成功，也加深了這家公司的傲慢與自大。就在龐大官僚體制與幾乎沒有競爭對手的安逸環境中，IBM幾乎喪失了企業對外在環境變遷所應具有的敏銳嗅覺與反應。

IBM員工在公司裡的職等，如同公務員一樣，由於沒有什麼外在競爭，所以他們只能以薪水、階級來劃分高下。在IBM的企業王國內，每個員工都想成爲經理人，所以公司的管理階層成了最大的業務單位，IBM的官僚體系，讓職員把時間用來開會，在全國各地飛來飛去進行門戶之爭。不同部門之間的利益衝突，使得新產品、新策略的創新與巧思往往就在一層層會議的討論與評估下腹死胎中。

例如，當IBM決定發展微電腦時，大電腦部門不希望微電腦擁有太強悍的功能，以免危及大電腦的業績。公司的銷售人員更是反對改革及變化的死硬派。想想看，賣一部僅僅數千美元微薄佣金的微電腦，與賣一套千百萬美元優厚的佣金的大電腦相較，誰還願意去賣微電腦呢？

事實上，以大型電腦起家的IBM，對大型電腦自有一份難以割捨的情感。唯有抱著強烈「大電腦情結」的人，才有機會晉升IBM的董事長。IBM的領導階層一直認爲，微電腦這種小東西，只是難登大雅之堂的小玩具，在他們的觀念裏，「電腦」這種維繫著IBM帝國基業的機器，是該擺在專用的冷氣房中，由專業人員來操作才像樣。他們仍舊以爲，電腦這個神聖的東西，只是政府機關、大學校園及企業界的專利，一般家庭「用」電腦小孩子「玩」的電腦，根本是不入流的玩意兒！

其實在70年代早期，IBM也預期到微電腦可能問世，並展開了發展微電腦的計畫。然而這些在「肥胖症候群」、「大電腦情結」牽絆之下的計畫，最後大多是無疾而終。少數勉強製造出來的產品，不是功能不佳，就是造價昂貴。所以當1980年，微電腦市場的銷售額已經達到10億美元時，IBM的主管階層才驀然驚覺：我們的微電腦在哪裏呢？

藍色巨人IBM罹患「肥胖症候群」，身陷官僚體制與無知、自大的泥淖中而不知。看來這似乎是即將崩潰、敗亡的先兆！然而，在1980年一個特殊的計畫中，IBM宛如脫胎換骨般，以一年的時間推出他們的微電腦，進而將微電腦產業帶進一個嶄新的階段。

各位讀者，IBM的主管階層，究竟是使出了何等神丹妙藥？使得這動作遲緩的巨人，得以迅速掙脫官僚體制和無知、自大的泥淖呢？如果你是IBM的董事長或是首席執行長，你會怎麼做?!

霹靂行動小組

「西洋棋專案」

爲了掙脫官僚體制的枷鎖，儘快的推出微電腦問世，IBM成立了一個獨立的事業單位，來發展微電腦，這個單位的目標是——「一年之內設計完成上市」，這個計畫被稱爲「西洋棋專案」。西洋棋專案的研究團隊，不受IBM公司官僚體制的干涉，它不像IBM的其他發展單位，採取任何行動之前，都必須向上級報告，且在經過一連串的檢討、評估之後，如果計畫被批准，方能動作。而西洋棋專案的研究團隊，可以依自己的意識來行動，不再陷於官僚體制的泥淖之中。同時他們也被允許與公司外部的軟、硬體製造商合作，不一定要使用IBM內部自行生產的組件及軟體。

爲了完成上述不可能的任務，西洋棋專案的研究團隊決定購買現成零件，並利用外界承包商代爲組裝。所以，他們向英特爾買微處理器，向微軟買軟體，向日本的三菱、台灣的大同、誠洲買螢幕等微電腦組件，其設計人員，只負責將之拼裝成一個系統。

西洋棋專案的研究團隊，也將其尚在開發中的個人電腦的規格對外公開，使外界人士可爲其撰寫軟體。鑑於IBM個人電腦龐大銷售潛力，許多的軟體公司，紛紛爲其撰寫程式，這意味著IBM個人電腦一上市，就將有許多軟體可供其運用。

在此之前時，所有的電腦都由硬體小組先開發，爾後才設計軟體小組，像IBM這種硬體尚未發展完成，軟體卻已同時發展的「同步開發」模式，在現在的工商業界雖蔚爲潮流，在當時卻堪稱創舉。

就是因爲西洋棋專案的研究團隊不依照IBM的慣例做事，因此小組的設計人員可以專心的工作，他們如同小科技公司的員工一樣，充滿了活力、彈性與效率。爲了完成「一年之內設計完成上市」的目標，他們每週工作達一百小時，他們與IBM以外的世界接觸，傾聽外界的意見、採用他們的產品，終於，一年之後完成了個人電腦系統。

1981年8月，IBM的個人電腦正式問世，馬上受到廣大的歡迎。以IBM名氣之大、財力雄厚、服務著名，銷路自然直線上升。1982年銷售增到十八萬部快接近蘋果牌的二十二萬部，1983年銷了六十萬部，直逼蘋果電腦。自從1983年起，IBM奪取了將近一半的市場，許多小型電腦公司紛紛倒閉或陷入窘境。小電腦公司的股價紛紛大跌，即使是蘋果電腦股票也由六十三元跌到二十四元。

IBM個人電腦獲致如此驚人的成功，連IBM自己都沒想到。或許這是IBM成立體制外行動小組、採行開放式架構等策略成功所致。然而在IBM的開放式架構中，微軟、英特爾何其榮幸的被IBM御筆欽點，成爲合作夥伴，自此它們一飛沖天、凌駕其他競爭對手之上，這兩家公司最後甚至反客爲主，一腳踢開IBM，共同掌握往後十餘年個人電腦產業發展主導權，比爾蓋茲更因此而成爲全球首富。

與微軟、英特爾相較和幸運之神差擦身而過的數據研究、摩托羅拉公司前景似乎黯淡許多，甚至以往叱吒風雲的數據研究公司將自此一蹶不振、銷聲匿跡。到底微軟、英特爾何以雀屏中選，數據研究、摩托羅拉又爲何錯失良機？在這得失之間，幸與不幸的當頭，又有何秘辛呢?!

開放式架構與向外借將

IBM的幸運選擇

還記得1974年，史上第一台微電腦——阿爾泰電腦吧！一家位於新墨西哥鎮的小公司，用英特爾的8080微處理器設計出史上第一台微電腦！當年19歲的比爾蓋茲，就是靠著替阿爾泰電腦發展培基語言起家。

1982年「西洋棋專案」的研究團隊採行「開放式架構」來發展微電腦，「開放式架構」說穿了其實就是同阿爾泰電腦製造方法——買現成的東西來組裝。「組裝電腦」首先要考慮的無疑是「微處理器」，微處理器決定後，其他的軟體、應用程式、周邊設備才能依其架構來開發。IBM要採用哪一種品牌的微處理器呢？是發明微處理器的英特爾？還是後起之秀Zilog、摩托羅拉呢？

如你所知的，IBM選擇了英特爾。IBM選擇英特爾非關技術、成本等實質面的考量，IBM選擇英特爾的原因是，選擇英特爾有助於其微電腦早日誕生。原來，IBM西洋棋專案的設計師，以前在其他單位時曾研究過英特爾的微處理器，這意味著，他們對英特爾微處理器的架構比較了解，用英特爾的微處理器來發展微電腦，可以早點將微電腦做出來。這個決定，是否有幾分幸運呢？

決定了微處理器後，接下來就是電腦的軟體了！8080微處理器配合數據研究公司的CP／M作業系統及微軟8080培基語言，無疑是當時業界標準。西洋棋專案的研究團隊，決定造訪這兩家叱吒微電腦業界的公司並評估雙方是否有合作的可能性。

IBM的不洩密合約

IBM與微軟的第一次合作

1980年7月21日，IBM「西洋棋專案」的代表人——山姆帶著一位IBM的法律顧問秘密探訪位於西雅圖的微軟。爲了捉住與藍色巨人合作的機會，比爾蓋茲破例的穿西裝、打領帶，但山姆卻很驚訝，出現在他眼前那位頭髮雜亂、稚氣未脫，套著大人西裝的少年仔，居然就是微軟的總裁。經過一陣子的錯愕，山姆馬上鎮定下來並依照IBM的標準作業程序，拿出了一份「不洩密合約」。

IBM的代表要求比爾蓋茲簽字。這份合約要受約人不得將此次會議的內容洩露給第三者，其中甚至規定，倘若將來IBM採取必要的法律行動時，受約人沒有抗辯的餘地。雖然這是一份「喪權辱國」的合約，但想跟IBM做生意，就必須先簽下這份「你贏我輸」的文件，否則一切拉倒。

比爾蓋茲毫不猶豫的在「不洩密合約」上簽了字。雖然他並不了解山姆的來意，但想當然爾，IBM可能對微軟的培基語言有興趣。比爾蓋茲認爲，不管如何，只要IBM這家聲譽卓著的世界級大公司採用微軟的產品，對微軟而言將只有好處沒有壞處。然而在這次會談中，IBM的人只是問了一些關於微電腦的問題並參觀微軟公司，他們並沒有將「西洋棋專案」透露給微軟知道。

幾天之後，山姆再次拜訪微軟。這時山姆才將IBM發展微電腦的「西洋棋專案」告訴比爾蓋茲，並詢問他如果IBM提供一份以英特爾8080微處理器爲基礎而發展的微電腦規格給微軟，微軟是否能依此寫出儲存於唯讀記憶體內的培基語言。

雖然，我們前面曾提及，隨著微電腦產業的進展，各軟體公司所推出由專人設計好的「套裝軟體」不論是文書處理、財務管理，還是教育、遊戲等類型，早已應有盡有，在市面上大行其道。微電腦的使用者只要花點錢，買人家寫好的軟體，載入電腦，按照說明書、使用手冊的指示，就可以操作電腦。

這似乎意味著，類似培基語言這種簡易的程式規劃工具，對於一般消費者而言，已經不再重要了。畢竟，花點錢，買個現成的「套裝軟體」來用，比起自己去學培基語言、自己寫程式來執行，簡單、便利多了。但在當時，置於微電腦記憶體內，可以讓使用者，用以寫一些簡易程式的培基語言，仍然是任何微電腦推出時必備程式系統之一。這表示，培基語言仍是微軟重要的生財工具之一。

IBM的問題，對於以培基語言起家的微軟而言，簡直是易如反掌，他們給IBM一個肯定的答覆，同時也給IBM一些建議，比爾蓋茲建議IBM應改用新一代16位元微處理器，例如英特爾新推出的8088、8086微處理器。

在當時，幾乎所有的個人電腦都採用8位元微處理器，IBM若率先使用16位元微處理器，意味著IBM的產品看起來比其競爭對手的產品較先進，同時16位元微處理器可指揮的記憶體容量更是8位元的微處理器的數倍強。有豐富程式設計經驗的比爾蓋茲深知，16位元微處理器，才是設計師充分發揮其創造力的舞台。IBM的代表同意將微軟的建議列在備忘錄上，提報決策高層。

電腦小常識

8086微處理器就是頂頂大名“X86”系列微處理器的開山始祖，“X”可表任意數，代表不同世代的微處理器例如“286”、“386”、“486”等。

8位元電腦：一次能處理8個位元（一個位元組）的電腦。

16位元電腦：一次能處理16個位元（兩個位元組）的電腦。

如果將“8位元”當成只有一個車道的馬路，則“16位元”意味著兩個車道的馬路，其效能當然是不能相提並論！

錯失合作機會

數據研究公司拒簽「不洩密合約」

在與微軟接觸的同時，IBM代表也拜訪了位於加州的數據研究公司，IBM想知道數據研究公司是否能提供一個16位元作業系統用於IBM的微電腦上。該公司的老闆吉爾多雖然已經跟IBM約好時間，但他顯然被目前的成功沖昏了頭，這類邀約對他而言是習以爲常，沒有什麼了不起。當IBM的代表依約前來時，吉爾多卻因公外出。

數據研究公司由吉爾多的太太，也就是數據研究公司的副總裁——桃樂絲出馬和IBM代表會面。當然了！IBM的代表依其慣例拿出「不洩密合約」要求桃樂絲簽字。桃樂絲這位數據研究公司的女王顯然不知天有多高、IBM有多偉大，平時頤指氣使慣了的她翻著IBM的「不洩密合約」，認爲IBM似乎吃定了他們，說什麼也不肯簽約。

IBM的代表很難得踢到鐵板，他們很無奈，但這是IBM行之有年的「祖宗家法」，任何人都無法破例。由於桃樂絲執意不簽，他們只好離開加州，又再找上了微軟尋求作業系統的來源。

微軟掙得合約

得與IBM共枕

爲了爭取與IBM合作的機會，1980年9月微軟的一批人來到了邁阿密「西洋棋專案」的所在地，他們在邁阿密機場換西裝時，比爾蓋茲卻發現他忘了帶領帶，一行人在一家百貨公司門前等它十點開門，好讓他買領帶。

當比爾蓋茲一行人來到了「西洋棋專案」的總部，赫然發現這是由一間屋頂漏水、空調故障的倉庫改裝而成的辦公室。在一間小會議室裏面，將近二十位IBM的工程師，磨刀霍霍、瞪著雙眼，望著比爾蓋茲這位穿著大一號西裝的小伙子，心想：「哼！這樣的毛頭小子到底會有什麼能耐？等一下可要讓你好看！」

這些人提出種種問題，烤問了比爾蓋茲一整天。在炮火隆隆、犀利的言辭中，比爾蓋茲始終氣定神閒、進退有據，以令人折服的技術知識，給所有問題清楚的答覆。雖然有人還是認爲將作業系統、程式語言全都包給這家小公司實在有很大的風險，但在IBM最高執行長——約翰歐寶的一句話後，他們便不再有異議了！

一天以前，有人向約翰歐寶報告IBM與微軟的這次會議，並向他提起比爾蓋茲這個人。約翰歐寶一聽到比爾蓋茲的大名就問道：「比爾蓋茲！他不就是瑪麗蓋茲的兒子嗎？」

原來，比爾的母親瑪麗與IBM最高執行長約翰歐寶是舊識，他們同在一個慈善組織擔任理事多年。在幾天前的一次聚會之上，瑪麗還特地向約翰歐寶提及：「貴公司不正與我兒子的公司洽商合作事宜嗎？我想你們一定會樂於跟他合作的！」當約翰歐寶提及這段往事，所有的人都知道，微軟自此將魚躍龍門、一步登天了！

1980年11月份，這個年營業額達三百億美元之譜的藍色巨人居然彎下腰來與年營業不過數百萬美元的微軟簽下了一紙合約。自此微軟這家公司將在IBM的「西洋棋專案」中扮演重要的角色，除了作業系統、程式語言外，微軟在硬體的部分也有協助設計之義務，這對微軟與IBM而言都是史無前例的。

看來，微軟用盡心機，總算是皇天不負苦心人，可以一嘗「與IBM共枕」的夙願了。當然了！基於軟體商「水性楊花」、遊走於眾硬體商間兩頭賺的天性，微軟雖然這廂與IBM打得火熱，背後裏仍不忘與蘋果電腦暗通款曲，互訂盟約。這其中的精采過程，我們在此先賣個關子！

微軟跨足作業系統

開發MS-DOS系統

在此之前，微軟與數據研究公司在微電腦軟體界裏各擁江山、互不侵犯。數據研究公司包下作業系統的業務，微軟則控制程式設計語言，其他的軟體商則在數據研究公司的作業系統下，利用微軟的程式設計語言，編寫各種應用軟體。然而時局發展至此，情勢丕變：微軟積極的擁抱IBM，數據研究公司則驕氣縱橫，對IBM愛理不理。看來這次微軟只得撈過界，揮軍作業系統市場了！

如你所知的，微軟的業務重心一向擺在程式語言的開發上，他們從來沒有開發作業系統的經驗，況且微軟單是做語言，就已經投入了全部的人力，那來多餘的人手開發作業系統？看來微軟對於IBM的請求，似乎是心有餘而力不足了。

沒有作業系統，電腦只不過是一堆廢鐵，再好的程式語言也英雄無用武之地。沒有作業系統，IBM的「西洋棋專案」就得壽終正寢，而微軟「與IBM共舞」的如意算盤也將破滅。看來微軟無論如何，都得弄出一套作業系統來了。

當時有一家名爲西雅圖電腦產品的公司，已經有了一套8086作業系統。這套系統，事實上也是源自於數據研究公司。

原來當時西雅圖電腦產品公司也想利用英特爾8086微處理器來發展16位元微電腦，他們需要一套作業系統，於是，他們找上數據研究公司。他們屢次要求數據研究公司推出CP／M—86（8086作業系統），但數據研究公司顯然還沉醉於CP／M（8080作業系統）成功的喜悅之中，所以他們並不急於推出8086作業系統。

由於數據研究公司似乎對西雅圖電腦產品公司的請求置之不理，西雅圖電腦產品公司於是自己著手開發作業系統。西雅圖電腦產品公司的工程師派特森利用CP／M爲基礎發展出一套16位元的作業系統——QDOS，用於該公司開發的8086電腦上。QDOS的指令和CP／M大同小異，所以能夠讓原先根據CP／M而開發的軟體很容易的轉換到QDOS的環境下執行。

這套軟體正是微軟所要的東西，微軟用了五萬塊的美金買下了這套作業系統，並僱用派特森將之改良。微軟遵循著與IBM簽署的「不洩密合約」中的規定，並未將這套軟體幕後買主的身分告訴西雅圖電腦產品公司。

微軟將改良後的作業系統冠上自己的名字，改名爲微軟磁碟作業系統（MS-DOS）。往後的日子裏，微軟更將靠著這套五萬塊美金買來的軟體，稱霸微電腦界達十餘年之久。看來這一切都要感謝當初不可一世、如今已被淡忘的數據研究公司之恩賜呢！

蘋果電腦上市風潮

話說1980年11月，微軟與IBM簽下了一紙合約，雙方展開了合作計畫。同年12月，IBM個人電腦的首要假想敵，也是微電腦業界的霸主蘋果電腦股票正式公開上市。這次的上市，是美國自1950年福特汽車上市之後，搶購最熱烈的一次。蘋果電腦公開承銷的四百六十萬股，在一小時之內被搶購一空，連微軟公司的比爾蓋茲也買了一些蘋果電腦股票。當日，蘋果電腦股票自二十二美元的承銷價漲至二十九美元做收。

蘋果電腦的創辦人當時年僅二十五歲的史提夫傑伯，擁有七百五十萬張股票，他的身價一夕之間竟達兩億多美元。另一位創辦人伍茲所握的股票也值一億四千萬美元。蘋果電腦兩個年輕人，由車庫發跡，三年之內成爲億萬富翁的傳奇故事成了傳頌一時、人所皆知的故事。史提夫傑伯這位蘋果電腦的催生者，更被稱爲「矽谷金童」，成爲年輕人的偶像。

史提夫志得意滿之時，IBM跟蘋果電腦重要的軟體供應商——微軟，正緊鑼密鼓、加快腳步的發展他們的微電腦。看來一隻銳利的箭，正無聲無息，悄悄的射向當紅的「蘋果」。

第六章 紅軍反擊

70年代末期，大型主機的霸主IBM也跨足微電腦業，微軟、英特爾在「三分天注定、七分靠打拚」的機緣之下，成了IBM跨足微電腦業界的敲磚石。

到底IBM的變天計畫能否成功？微電腦霸主的大旗，能否由紅轉藍？而在歷經了風光的上市風潮後，身處於暴風眼的蘋果電腦又將如何反擊……

異軍突起

蘋果電腦的「麥金塔計畫」

1981年初，IBM與微軟正照著合約努力的打造他們的電腦之際。蘋果電腦的史提夫傑伯也拜訪了位於西雅圖的微軟，尋求微軟加入「麥金塔計畫」的軟體開發。

話說蘋果電腦爲了延續其霸業，在蘋果電腦二號出奇的成功後，不僅募集資金並招兵買馬，從那些瞧不起微電腦的大電子公司中廣徵好手，著手開發新一代的微電腦，以使該公司能堂堂跨入80年代。

但是當公司從公開市場上募集資金，即意味著外人得以介入領導階層，那麼派系互鬥、各爭主導權的戲碼就屢見不鮮。當公司的規模越來越大，當員工人數由兩人膨脹到一千多人時，蘋果電腦似乎也變成恐龍，感染了「肥胖症候群」。

即將跨入80年代，蘋果電腦內部，「發展出80年代的蘋果二號電腦」之想法與衝動被喊得震天響，不同派系，各項新產品發展計畫紛紛被提出。只要計畫獲得決策當局批准，就有經費做一做、試看看。即使做不出任何成果也沒啥關係，反正公司正賺錢，浪費一點小錢，公司也感覺不到它的存在。

自1978年起，蘋果二號上市約兩年，史提夫就主導一個

「麗沙計畫」，雄心勃勃的將目標對準企業界，想發展出功能更強大的微電腦，延續蘋果霸業。後來卻因派系鬥爭與史提夫本身好大喜功、狂妄不拘的嬉皮個性，使他被排除於該小組之外，脫離新產品開發的行列（因史提夫的個性適合於初創業的小公司，在大公司裏，就顯得格格不入了）。

該公司董事會成員認爲，讓一位年僅二十五歲，深具群眾魅力、偶像特質的年輕人，當一家資產一億美元，股票正欲上市公司的龍頭老大，將可吸引媒體的注意力，炒熱公司股票上市行情。因此他們對史提夫解釋說，之所以這樣安排，是希望史提夫發揮其「車庫起家」、「矽谷金童」等凡人無法擋的魅力，專心的處理因股票上市時公司所需面對的公關問題，所以史提夫就被拱上了該公司董事長的職位，脫離了新產品的研發工作。

史提夫勉爲其難的接受了該公司董事長的職位，蘋果電腦花費鉅資買廣告，想提升該公司的知名度，以烘托公司股票上市的行情。史提夫成了最佳廣告代言人，廣告中史提夫被塑造成商界奇才、微電腦的創造人。在《時代雜誌》、《財星周刊》、《華爾街日報》等知名媒體的訪問中，史提夫屢屢發揮了他佈道家似極具煽動力的演說天分，鼓吹著微電腦將如何的改變世界，蘋果電腦就是開啓這個時代的先鋒，而他史提夫傑夫則是蘋果電腦的創始者。

史提夫對於公關工作可以說是勝任愉快、如魚得水。但他在外界雖然是風風光光的擁有蘋果電腦董事長之頭銜。但在公司內，他卻覺得自己被孤立了。沒有一個開發計畫在他手中、由他主導，這令他覺得十分不快。他認為唯有讓他從事新產品的開發工作，公司才能造出「人性化」、「親和力強」、「人人可用」的微電腦。他並認為從事新產品的開發，才是面對挑戰、實現理想、值得驕傲的事。

當蘋果電腦公司的股票轟轟烈烈的上市後，公司的董事會怕史提夫又去干預「麗沙計畫」的開發，於是讓他加入一個不被看好、即將停擺的「麥金塔計畫」，希望藉此能困住狂傲不拘的史提夫。史提夫雖然被擺在冷門單位中，但他卻矢志要在一年內將麥金塔電腦商品化，甚至還意欲要以麥金塔電腦來摧毀麗沙電腦，一洗六個月前被迫離開「麗沙計畫」之恥。

秘密武器

滑鼠裝置及圖形介面

事實上，不管麗沙電腦或麥金塔電腦都有著劃時代之舉的「滑鼠」裝置與圖形介面。滑鼠裝置、圖形介面，這兩項蘋果電腦公司在下一波競爭中的獨門技術、秘密武器，皆源自於當時主宰全世界印表機市場的全錄公司。

在70年代初期，全錄公司眼看著IBM的中小型電腦席捲企業界，因而恐懼著即將來到的無紙張辦公室將令該公司的印表機慘遭淘汰，所以在加州的一個小鎮成立了柏拉圖研究中心。

柏拉圖研究中心有近百名電腦科學家群聚於此，他們無需顧慮經費或研究項目是否能商品化等問題。這群科學家要做的只是研究出新科技來，事實上，許許多多微電腦的新觀念、新技術均來自該中心。柏拉圖研究中心在1972年，阿爾泰電腦問世的前兩年，史提夫、伍茲車庫製造電腦的前四年，就製造出一部有黑白顯示器、內建網路功能、有滑鼠、硬碟的個人電腦。當然了！這精緻的東西始終躺在實驗室裏供人欣賞，不然粗糙如阿爾泰之流的「電腦」，如何能冒出頭呢？

1979年，蘋果二號電腦問世兩年後，史提夫與全錄公司旗下的投創公司——全錄開發公司達成協議，在全錄公司願某種程度地揭露柏拉圖研究中心神秘面紗的前提下，蘋果電腦公司答應接受全錄開發公司一百萬美元的投資。史提夫終於有機會到柏拉圖研究中心參觀，揭開該中心神秘的面紗。史提夫對於實驗室裏種種新奇設備看傻了眼，他想這些東西若能應用在一般的電腦上，那將十分驚人。

經過柏拉圖研究中心震撼之旅的史提夫，聘用了一些在該研究中心工作過的頂尖電腦科學家來蘋果公司工作，並確定了蘋果電腦公司後續機組的發展方向，有滑鼠、圖形介面的電腦，讓人不用記憶繁瑣的指令就可以極容易的操作電腦。

「麗沙計畫」與「麥金塔計畫」皆是依循上述理念發展而來的電腦。所不同的是，麗沙電腦的開發始自於1978年，針對大企業而開發的16位元電腦，其預定售價達一萬美元之譜。「麥金塔電腦」的開發晚麗沙電腦將近兩年，麥金塔電腦宛如是縮小版的麗沙電腦，它是部8位元電腦，其市場目標是小公司及一般家庭、學校，預定售價僅約麗沙電腦的十分之一約一千美元。

在史提夫被擺到「麥金塔電腦」小組之前，由於較廉價的8位元微處理器顯然功能不足，無法像麗沙電腦一樣顯示圖形介面，所以該小組的前景顯然不樂觀。史提夫接掌了該小組後，立即將麥金塔電腦的微處理器換成和麗沙同樣是16位元的摩托羅拉68000微處理機器。

史提夫痛思以前之所以被逐出麗莎小組的原因，他發現，麗莎電腦從硬體的外殼、主機板、各種介面卡，到軟體的作業系統、程式語言甚至應用軟體的開發都由該公司一手包辦、獨立完成。爲了應付各項繁雜的開發工作，該小組的人數不斷膨脹，開發團隊愈形巨大，使麗莎計畫備受矚目，各項決策都要向公司高層上報，相對的，他所能施展的影響力就越來越小，最後甚至被逐出麗莎小組。

史提夫記取教訓，決定要將麥金塔電腦的軟體外包給業界其他軟體商，這樣可使「麥金塔電腦」維持較小的格局，方便他一手掌握。另一方面，這也有助於麥金塔電腦早日開發完成，儘快與麗沙電腦一別苗頭。

很諷刺的，IBM微電腦開發小組好不容易才掙脫「肥胖症候群」、「官僚體制」的泥淖，得以不受干擾、竭力開發新產品。而IBM微電腦的頭號競爭對手，成立不過兩、三年的蘋果電腦卻隨著公司規模擴大，不自覺的染上前述兩項有礙企業競爭力的大病。

史提夫向外借將

微軟私通蘋果電腦

史提夫想要向外借將，以免麥金塔小組重蹈麗莎小組「組織膨脹」、「權力稀釋」、「脫離控制」的覆轍。他第一個要找的就是微軟公司。1981年秋天，史提夫親自來到西雅圖拜訪比爾蓋茲。雖然當時微軟正為了取得IBM的合約而忙的焦頭爛額（至同年11月，IBM與微軟的合作方拍板定案），但比爾蓋茲仍不得不抽空會見這位微電腦界的龍頭老大。

史提夫與比爾當時同為25歲的年輕人（但史提夫比比爾蓋茲大8個月）。他們是不同類型的人，史提夫雖然創立了蘋果電腦，但他對技術並非十分在行，不過他卻有敏銳洞悉市場的能力；此外，他也是個極具煽動力的演說家，憑著三寸不爛之舌，他總能說服別人聽信他的意見。

當年要不是史提夫說服伍茲，將自己組裝的電腦拿出來賣，也不會有今日的蘋果電腦。他擅於利用媒體，在蘋果股票的上市風潮中，年輕英俊的史提夫出盡了風頭，隨著股票的上市，年僅25歲的他，已名列《富比士雜誌》五百大富豪之中。

與當時正意氣風發的史提夫相較，長得一副娃娃臉，整天沉浸於程式數據中，餓了啃一啃漢堡，喝一喝可樂，喜歡飆車，卻又常將車子開到沒汽油的比爾蓋茲，在知名度上，顯然還無法與史提夫相提並論。

這也難怪，當時蘋果電腦的規模遠大於微軟，1980年間，微軟主要的業務還是販賣各式各樣的程式語言，蘋果電腦主機板中，唯讀記憶體內的培基語言即是來自微軟。所以，微軟可說是蘋果電腦的重要軟體供應商。

1981年微軟的營業額約為一千三百萬美元，同時期，蘋果電腦銷售量在Visical試算表的推波助瀾之下，賣了將近十二萬五千套，年營業額已達三億三千萬美元，當時的蘋果電腦儼然是微電腦的代名詞。所以當史提夫來到西雅圖訪問微軟，正為了開發IBM軟體而忙得天昏地暗的比爾蓋茲，也不得不放下手中的工作，與史提夫來個高峰會。

1981年8月，比爾蓋茲與微軟的眾家小伙子在風光明媚的華盛頓湖畔，一家名為「西雅圖」的網球俱樂部，為史提夫設宴接風。兩人見面之後，史提夫又大肆吹噓著麥金塔電腦將如何的「改變世界」。

史提夫認為一般電腦的使用太複雜了，人們買了之後，還必須輸入相當繁瑣的指令，才能使用。麥金塔電腦就是要盡可能的簡化這些繁瑣手續，讓消費者撇除「使用上的困難」，讓電腦「一開就能用」，不用再輸入煩人、複雜的程式。史提夫說他的麥金塔電腦就是要讓電腦像烤箱一般的容易使用，而這台機器，也有著類似烤箱般的廉價，才能達到讓人人買得起、個個有一部的目標。

史提夫將麥金塔電腦廉價、易於使用的特性，與滑鼠、圖形界面的獨到特色，說得天花亂墜，讓比爾蓋茲不禁心癢癢的，想一窺麥金塔電腦的眞面目，當然囉！史提夫是拿不出麥金塔電腦的實體，說實在的，其實史提夫接手該小組也沒有多久的時間呢！

史提夫的瘋狂構想，當然不止這些；他望著波光粼粼的湖水說：「在海邊，蓋幾座工廠，以便就地取用海沙。自海沙中提煉出的矽，製成晶圓，切割加工成晶片後，馬上就地組裝成麥金塔電腦，在裝箱、裝櫃後就可將之運出上市！」

語不驚人死不休的史提夫，得意的說完這些瘋狂的點子後，方才心滿意足的詢問比爾蓋茲，是否願意再續前緣，替麥金塔這台劃時代的電腦，開發培基語言及試算表等軟體呢？

史提夫離開後，微軟內部開始討論，是否要接受蘋果電腦的這筆生意。他們覺得，IBM雖然是世界級的大公司，但在微電腦業界，畢竟蘋果電腦才是眞正的老大。何況，誰又知道，IBM的個人電腦未來是否能一炮而紅呢？而且麥金塔電腦如果眞的如史提夫說的這般神奇，再加售價低廉的賣點，的確也相當具吸引力。總之，腳踏兩條船，那麼不管將來「紅藍之戰」的勝利者是誰，微軟才是眞正的贏家。

不久之後，比爾蓋茲帶了微軟的一批人至矽谷，訪問蘋果電腦公司。史提夫將他們介紹給麥金塔開發小組，並為他們展示發展中的機組，說明其硬體設備。蘋果電腦公司爲微軟舉行了一次技術講習會，詳述麥金塔的操作系統、螢幕大小、形狀等規格及各種程式開發工具。此時，比爾蓋茲與他的同仁才確定麥金塔眞的是與衆不同。當然了！微軟雖然一方面與蘋果電腦公司交流著，但他們這時最重要的工作，還是爲IBM即將上市的個人電腦日夜趕工。

PC問世

自1980年11月IBM與微軟簽下了一紙合約後，爲了達成一年之內上市的目標，雙方人馬即日以繼夜的投入開發作業（微軟雖然與蘋果電腦達成替麥金塔開發軟體的協議，但其交貨期較晚，而IBM的個人電腦發展迫在眉睫，故微軟可以說是傾全力將人手用於IBM電腦的開發之上，當時在微軟的一百名員工中，有四十名和IBM的合作案有關）。

隨著時間一天一天的過去，整個開發作業雖然遇到不少的問題，但最後總能一一克服。至1981年中，IBM個人電腦的軟體、硬體開發，都大致完成。除了微軟外IBM也和其他的軟體商簽約，以求得應用軟體的來源，例如軟體藝術公司也成了IBM的策略夥伴，將其大受歡迎的Visicalc改版，供未來IBM的個人電腦之用。這意味著IBM的個人電腦一問世，就有許多軟體可供其使用。

看來到此一切都很順利，但在IBM PC即將上市的最後一個階段，他們卻又遇到了一個麻煩！數據研究公司的吉爾多吵吵鬧鬧的，再度出現眾人面前。

雖然微軟負責作業系統開發的工程師派特森一再宣稱

QDOS大部分程式都是自己寫的，他只不過稍微「借了」CP／M的一些東西而已。但吉爾多仍吵嚷著要告微軟和IBM盜用他的作業系統。最後IBM同意，其個人電腦上市時除了微軟的作業系統外，也將提供數據研究公司的作業系統，供顧客自由選擇，才結束了這場紛爭。當然這也導致了後來兩種作業系統的標準之爭。

1981年8月，IBM正式推出了名為"Personal Computer"（簡稱PC）的微電腦。

IBM PC入門級機種的產品如下：

CPU：採用英特爾16位元8088微處理器。

記憶體：16KB（是阿爾泰電腦的400倍）。

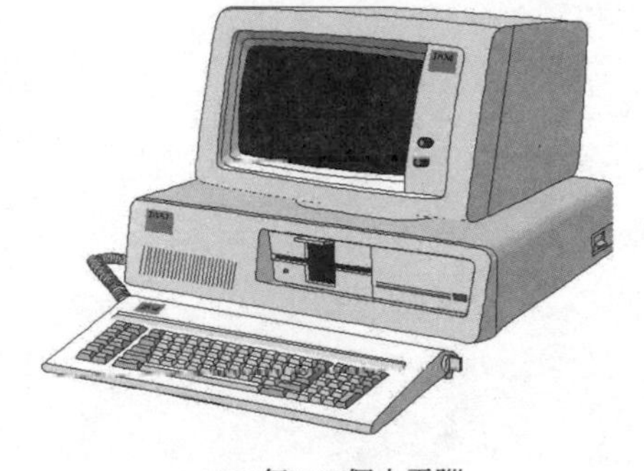

1981年IBM個人電腦

磁碟機：無（比不上蘋果二號電腦）。

顯示器：可連接電腦使用，亦可另購單色或彩色顯示器。

售價：一千二百六十五美元。

除了入門級的機種外，IBM PC也有較高階的產品，與入門級的機型相較，它配有磁碟機，記憶體則提升至46K，售價為二千二百三十五美元。事實上，除了率先使用16位元微處理器、較大的記憶體、較強的色彩與繪圖能力外，與市面上的微電腦相較，IBM PC似乎並沒有特別的創新之處，但到底市場反應會如何，仍須由消費者斷定。

蘋果電腦卯上IBM

微軟大戰數據研究公司

IBM PC問世後蘋果電腦的研發小組立刻買了一台，並將之分解研究，他們對這台又大又笨的IBM PC覺得很滿意，因爲只要擁有滑鼠、圖形介面、精巧又容易使用的麗莎、麥金塔能按照預定的計畫在明年推出，那麼眼前這IBM PC又算的了什麼呢？

蘋果電腦顯然不了解，對那些還心存觀望的消費者而言，他們並不期待IBM能推出什麼劃時代的產品，他們只是在等IBM這家聲譽卓著的大公司推出個人電腦並進入這個市場，來證明「微電腦」這種東西眞的上得了檯面，“IBM”這三個字對他們而言深具指標作用，因爲他們堅信「沒有人會因爲買IBM的產品而被開除」這句話。

IBM個人電腦推出後，即受到廣大的歡迎，再加上一推出就有許多軟體可供應用的因素下，PC的銷路當然不同凡響，至1981年底，上市四個月的時間裏，IBM賣了五萬部個人電腦，而蘋果電腦1981年一整年也只賣了十三萬六千部的成績而已。

IBM PC的初步成功，對蘋果電腦帶來極大的壓力，不過蘋果電腦對於其賴以反擊的麗莎、麥金塔仍深具信心，現在這兩顆「二代蘋果」正緊鑼密鼓的開發著，蘋果電腦公司仍深信，最後的勝利將是屬於他們的！

對於微軟與英特爾而言，IBM PC順利推出似乎意味著他們將從此一飛沖天。因爲IBM每賣出一台PC就必須向英特爾買一顆微處理器、向微軟買一套作業系統。對於英特爾而言，只要IBM PC能持續大賣，英特爾就不怕沒飯吃。但對微軟而言，IBM PC的問世只是另一場戰爭的開端而已！

不要忘了，數據研究公司以微軟的作業系統有剽竊之嫌爲藉口，演出了一齣「逼宮」戲碼，迫使IBM也採用該公司的作業系統，讓其與微軟有公平競爭的機會。其實，除了這兩種作業系統外，IBM爲了分散風險，又再委託另一家公司開發另外一套作業系統。所以，IBM個人電腦推出時，附帶有三種不同的作業系統，供消費者自行選擇，當然，這其中只有一種會成爲業界標準。

隨著IBM PC銷售量與日俱增，微軟與數據研究的作業系統，雙雙脫穎而出，共同分食著IBM PC作業系統的市場。軟體公司若欲發展IBM PC的應用軟體，必須在兩種作業系統中作一選擇，他們必須祈求老天保佑，自己押對寶，所選擇的作業系統將會是賣得比較好的那一種，因爲這樣子架構於其上的應用程式，才有較多的銷售空間。

反過來說，電腦或者是作業系統，能否存活於世，獲得消費者的青睞，端視該電腦有無具「致命吸引力」的應用軟體，如「VsiCal效應」成就了蘋果霸業。畢竟與消費者直接接觸的是應用軟體。應用軟體吸引消費者購買某一品牌的電腦、採用某一種的作業系統，電腦系統賣得愈多又吸引更多的軟體商投入軟體開發的行列，在這種正面循環的驅動之下，整體市場自能持續的擴大，雙方皆蒙其利。所以，應用軟體與電腦系統的關係，可謂有如「魚幫水、水幫魚」，雙方是相輔相成的。

微軟與數據研究公司眼看著IBM PC的銷售量與日俱增，無不想著，如果能將對方撂倒，自己獨享大餅該有多好！在1981、1982年間，PC問世的頭兩年，微軟與數據研究公司的作業系統共同分食著IBM PC作業系統的市場。雙方各擁支援軟體商，依其架構開發軟體，到底誰會脫穎而出？這個問題在PC問世兩年後，仍是個未知數。

這場作業系統的標準之爭，在進入1983年之際，更顯得暗潮洶湧，因爲IBM PC的頭號競爭對手——蘋果電腦，將在該年推出新產品，問世已經兩年的PC能否再續榮景，不但攸關著IBM能否擊垮蘋果，一躍爲王，對於靠PC混飯吃的微軟與數據研究而言，只有PC市場更進一步的擴大，雙方才吃得夠，不然在市場被壓縮的情形下，一定得及早將對方淘汰出局，獨享市場，才能存活下去。

到底微軟這個作業系統市場上的新兵，是如何對數據研究公司出招，讓這家作業系統市場上的老牌公司踢到鐵板，最後甚至慘遭滅頂?!

而蘋果電腦公司劃時代的新產品終於將展現於世人面前。麗莎電腦是否會成為IBM的噩夢？IBM代號XT的新機種又是何方神聖？到底這場戲碼，會如何來做個了結呢？

第七章 決戰一九八三

1983年1月，IBM PC問世約一年半的時間，一個依MS-DOS架構開發的殺手級的軟體“LOTUS 1-2-3”意外的出現，LOTUS 1-2-3展現驚人的爆發力，讓MS-DOS擺脫CP／M86的糾纏，使IBM PC脫離麗莎電腦的夢魘……

作業系統標準之爭

CP／M86與MS-DOS之優劣

數據研究公司一向是以作業系統而聞名，在8位元時代，該公司機乎等於是作業系統的代名詞，其對於開發作業系統之深厚功力，顯然是無庸置疑的。相較於微軟這家程式語言的老手，作業系統的初級生，MS-DOS只是他們進軍作業系統市場初試啼聲之作，其間優勝劣敗，似乎在這場作業系統標準之爭，尚未開打之際，就已經很明顯了，而且數據研究公司的CP／M86在評價上也一直高過微軟的MS-DOS。

但是在行銷策略上微軟卻有其過人之處。微軟提供IBM一項匪夷所思的交易。IBM一次繳付了微軟八萬美元的權利金之後，IBM有權在其所賣出的電腦上附上微軟的作業系統，換句話說，微軟彷彿是把軟體送給了IBM！

因此，IBM表面上是提供了三種作業系統供消費者自由選擇，但他們似乎對MS-DOS情有獨鍾，他們不但將MS-DOS改名為PC-DOS，在價格方面CP／M86叫價175美元，而PC-DOS卻只要60美元。

此外，如同我們前面所提及的，數據研究公司先前因為一直沉浸於8位元市場的勝利之中，對16位元作業系統的開發並不積極，因此錯過IBM的合約，雖然最後他們認清事實，欲急起直追，但其在16位元作業系統的開發上卻已經喪失了先機，所以對於16位元的作業系統，數據研究公司遲遲未能完成開發、如期交貨。這也使得IBM直到其PC推出半年後，於1982年4月開始才能對外供應CP／M86。在這一段「小鬼當家」的空窗期，微軟的PC-DOS正好抓住時機，大幅的搶占市場。

事實上，電腦硬體及其作業系統，是否能在市場上被廣爲接受，最重要的是取決於架構於其上應用程式的多寡，與應用程式是否有足夠的吸引力，吸引消費者購買。這如同消費者購買錄影機，並不是爲了要看「錄影機」這個空殼子而買錄影機的，消費者買錄影機（硬體），是爲了要看錄影帶（軟體）。

當數據研究公司16位元的作業系統CP／M86終於問世後，大家才赫然發現，以往爲CP／M所開發的上千套應用程式，並不能直接應用在CP／M86的環境上，換句話說，CP／M86與CP／M並無相容性，這對微軟PC-DOS而言無疑是一項大利多，這意味著，大家都是從零開始、站在同一個起跑點上比高低。

綜合以上的因素，CP／M86雖然有數據研究公司以往在作業系統上良好的商譽及比PC-DOS性能更強的優勢，但在微軟搶得先機，早一步進入市場及其「便宜又大碗」的低價策略下，數據研究公司終於踢到了鐵板，CP／M86的銷量始終未如預期！這也是IBM PC問世後的一年之間，CP／M86與PC-DOS到底誰會成爲市場主流還渾沌不明的原因！

LOTUS 1-2-3相助
PC、MS-DOS稱王

還記得70年代末期「VsiCal效應」成就了蘋果霸業的往事嗎？在1983年1月，微軟的MS-DOS作業系統也遇到了「貴人」，一個殺手級的軟體“LOTUS 1-2-3”意外的出現。

雖然IBM PC問世之際，軟體藝術公司也隨著IBM號角起舞，推出了PC版的VisiCal。但該軟體畢竟是依據蘋果二號的硬體架構所開發的，所以VsiCal只有在蘋果二號環境之下，方能完美運行。當VsiCal經過轉譯，出現在其他系統的電腦上，其與硬體間的親密性必然大受影響，軟體性能亦會因而受到損害。

此外，自1979年問世以來，VsiCal早就被移植到各種硬體系統上，要用這套軟體，不一定非要買哪一種機器才有，因此VsiCal對於IBM PC，顯然沒有其以往在蘋果二號電腦上「開疆闢土」的爆發力！

LOTUS 1-2-3的設計者，米奇凱伯那年三十三歲。大學時他主修心理學，當過DJ，以播放搖滾歌曲來支持激進的政治團體。他也專研超覺靜坐，熱中靈修。當IBM PC問世時，他隱約看到自己的未來。他相信，搭配16位元微處理器的個人電腦，將在世界上掀起一股旋風，若能乘風揚帆，將可直行千里。

當時市面上的軟體，多是針對8位元微處理器設計的，米奇凱伯心想，如果能依照新的硬體架構設計軟體，必能開發出功能更強大、更具吸引力的應用程式。米奇凱伯計畫發展一套同時具有試算表、文字處理、資料庫、繪圖等功能的「整合軟體」。這麼一來，使用者除了計算資料外，也可以將之檢定分析，畫成圖表加上文字，作成一份圖文並茂、清晰易懂的報表。

一家投創公司認同了米奇凱伯的計畫，他們以三百萬的資金成立了蓮花軟體公司。1983年1月26日，蓮花公司發表了其創業之作“LOTUS 1-2-3”。爲了打響第一炮，該公司花了一百多萬美元在《時代雜誌》、《新聞週刊》等知名媒體上刊登全版廣告。

這是套依據IBM PC、MS-DOS作業系統的架構，用8080微處理器的組合語言，所開發全新16位元的應用軟體，相較於移植自蘋果二號的VsiCal，LOTUS 1-2-3能與IBM PC完美配合，發揮最大的效率，所以LOTUS 1-2-3比VsiCal有更快的執行效率及更多新的功能，這顯然是一套「劃時代」的軟體。

然而就在該軟體問世的前一個禮拜，PC的頭號對手蘋果電腦公司也積極推出了其新一代的電腦——麗莎（LISA）。對蘋果電腦公司來說，IBM PC的所造成的旋風讓該公司備感壓力，至1982年爲止，IBM PC十八萬部的銷售量與蘋果電腦的二十二萬部已相距不遠。看來蘋果電腦的王座似乎已岌岌可危，麗莎電腦正是其反擊IBM的一大利器。

麗莎電腦是針對企業界而開發的，與IBM PC相較，的確是先進了許多。麗莎電腦的摩托羅拉68000微處理器的速度是IBM PC的兩倍，IBM PC連一部磁碟機都沒有，麗莎電腦則有兩部軟式磁碟機、一部硬式磁碟機，更重要的是其圖形界面、滑鼠操作系統，簡化了電腦的操作程序，讓人更易於親近電腦。蘋果電腦這次似乎是來勢洶洶，想藉麗莎電腦破除企業界根深柢固的「IBM情結」！

大勢底定

PC稱雄

麗莎電腦於1983年1月19日正式問世，售價一萬美金，目標市場爲企業界。一個禮拜之後，蓮花公司發表了其創業之作LOTUS 1-2-3。

雖然說麗莎電腦創新的設計十分令人矚目，但一萬美元的價錢卻令人難以高攀。以大公司爲銷售對象之策略，與蘋果電腦公司「車庫起家」的形象並不搭調，反而局限了麗莎電腦的市場性，企業界人士一向最推崇IBM，在“IBM情結”的作祟下，他們還是無法背離IBM，而將一萬塊美元花在蘋果電腦公司的產品上，他們認爲，「麗莎電腦雖然很好，但就是少了IBM這三個字」。

顯然的，蘋果電腦公司給予人「漢堡、薯條加可樂；嬉皮、牛仔、新世代」的調調，還是無法打進企業界的大門！不過誠如一句台灣諺語「江湖無行嘸出名」，麗莎電腦的推出，宣示著「蘋果電腦進軍企業界」的意圖。

反觀IBM陣營，卻在LOTUS 1-2-3意外竄起的推波助瀾下，其銷售量更上一層樓直逼蘋果電腦。LOTUS 1-2-3上市後，在市場上引起空前熱烈的回響。短短幾天之內，蓮花公司就收到百萬美元的訂單，LOTUS 1-2-3上市的頭三個月，銷售成績就超過VsiCal，成爲市場上銷售第一的熱門軟體，自此也奠定其16位元試算表產業標準的地位。

IBM PC更在LOTUS 1-2-3的帶動下銷售量增加了兩倍，1983年一整年IBM個人電腦銷售了六十萬部，直逼蘋果電腦。也由於LOTUS 1-2-3只能在MS-DOS的環境下執行，因此也逐漸拉開CP／M86的糾纏，逐漸走向獨大的局面。

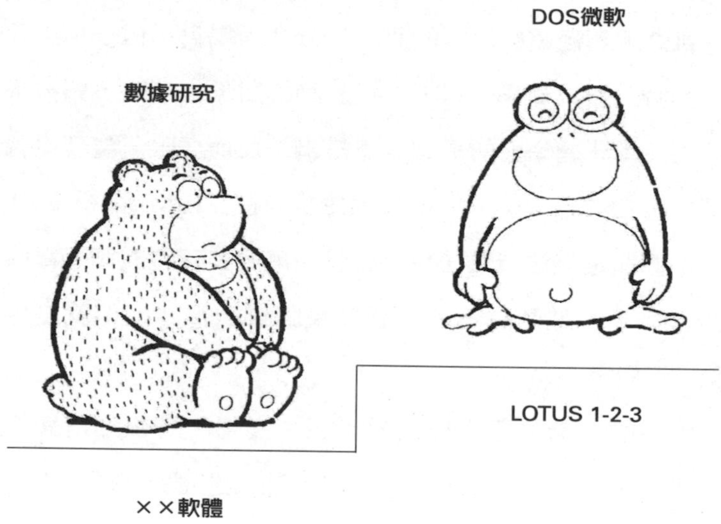

IBM重回侏儸紀

自1981年8月，IBM正式推出其PC，“IBM”這三個字開始印在個人電腦外殼之事實，證明了個人電腦科技已經進入一個新世代。IBM的名號使得大企業的主管們相信，採購個人電腦爲一項「安全」投資，個人電腦開始成爲公司必備電腦資源的一部分。

新的軟體，如LOTUS 1-2-3等，對IBM PC的銷售量更有推波助瀾之效。在IBM開放式架構的策略下，其軟、硬體的開發規格早已對外公布，在廣邀天下好手助拳、打拚的策略下，新軟體的開發助長了PC銷售量，PC銷售量增加後又吸引軟體商的加入，就在這種正面循環之下，大大擴充市場規模，將個人電腦工業帶進一個嶄新的階段。

PC的初步成功，對IBM個人電腦開發小組而言，無疑是一劑強心針。於是，他們信心滿滿的要乘勝追擊，推出新產品，將其個人電腦產品的種類往上、往下延伸，換句話說，他們想在市場上撒下天羅地網，以期將所有的消費者一網打盡。

事實上，早在IBM PC公開宣布的前幾個月，一部比PC更先進的XT機種（XT代表延伸科技），和一部針對家庭市場而開發的「小PC」皆已展開發展的計畫。然而就在小組成員正欲大顯身手之際，藍色巨人「組織臃腫」、「恐龍症候群」的陰影又悄悄的伸出魔掌，籠罩在該小組之上。

「個人電腦」的成功，令IBM的官僚體系覺得十分眼紅、吃味。因爲，個人電腦這個獨立於公司體制、不在任何業務計畫裡的產品，居然搶盡了風頭。對這個爲公司賺進十億美元營收的產品，公司大老們都使不上力，無法將該產品「指導」一番，讓它更「完美」，令這些「大老們」覺得十分沒面子，而且無法接受！

IBM個人電腦發展小組，雖然極力掙扎，但是當公司高層鬥爭底定、人事問題擺平後，在「我們實在沒有理由，不將一個營收占公司20%的部門，納入正規體制內……」的理由中，這個小小部門，一瞬間膨漲了。在多了好幾個層級的員工與上司後，原本數十人的小部門變成一個千、百人的「個人電腦發展小組事業處」並搖身一變成了IBM公司的「入門系統事業部」。

當組織再度膨脹後，IBM在個人電腦的發展上，無疑的又將失去先前的靈活與戰鬥力。不過，在PC空前成功的餘威庇佑下，這個隱憂沒有立即浮現，再說XT的開發，也已經進入最後的階段。

XT及小PC再出擊

XT有比PC更快的執行速度和更大的記憶容量，但XT最大的創新之處在其搭配有一台10MB的硬式磁碟機。硬式磁碟機提供了大量程式與資料的儲取之能力。所以只要打開XT，灌在硬式磁碟機內的資料或應用程式，就能直接的被電腦執行，不需像以往，在使用電腦之前，都要費事的將磁碟片內的程式灌入電腦後，才可以操作（但相較於麗莎電腦人性化的使用者介面，XT仍然落後了許多）。

搭配硬式磁碟機的XT電腦，無疑讓電腦更具效率與方便，但這卻也是XT無法如期上市的原因之一。當整個電腦系統多了一台硬式磁碟機，負責處理資料搬出、搬入，因此磁碟作業系統，也必須隨之修改，但負責此一工作的微軟始終無法如期完成。所以，XT推出時間比預定時間晚一個月，於1983年初XT才正式問世。

代表「延伸科技」的XT，再度把IBM推到個人電腦科技的最尖端，和PC一樣，XT瘋狂暢銷，使IBM占有企業用個人電腦市場的75％。不過，針對家庭市場開發的「小PC」，顯然就沒有這麼順利了。

由於PC和XT似乎變成了企業界的最愛，爲了搶攻下游的家庭市場，IBM另行推出了「小PC」，希望能在此一市場再造旋風。爲了符合此一市場的需求，小PC被定位成一種可以在百貨公司購買到的廉價電腦系統，不過，消費者亦可隨需求的增加，添購周邊設備，因此小PC也可以藉由這種升級的方式，變成和「正宗PC」相同的東西，讓消費者在家裡也可以辦公事。

小PC的商品定位和行銷策略，無疑的能抓住潮流，然而當整個計畫上報領導階層後，小PC的原始構想，被管理委員會的大老們給修改了一番，他們認爲：價格低廉、可以和正宗PC相容、性能又可以升級的小PC，會瓜蝕掉正宗PC市場。

當大老們的意識加在小PC上後，小PC變成了「跛腳」產品。小PC的價格被提高、性能則被削弱。原本的標準鍵盤，改成小小的橡膠鍵盤，這個只適合「雞爪」般小手使用的鍵盤，後來被嘲諷爲「雞爪鍵盤」；此外，「相容性」、「可升級」、「百貨公司行銷」等構想亦被一一排除。

小PC原來計畫在1983年7月上市，以讓它有足夠的時間累積銷售的爆發力，應付耶誕節的銷售熱季，但是最後在1983年11月中，這個業界盛傳已久並對之懷抱著無比熱烈希望的新產品才轟轟烈烈的問世。

可是當大家看到了「跛腳」的小PC卻大失所望，於是乏人問津的小PC成了IBM的燙手山芋，沒有人願意買這種東西。一年多以後，IBM把價格降了一點，把一些功能加回去，也讓百貨公司賣這種產品，但由於先前聲名狼藉且競爭對手已經推出更具吸引力的產品，小PC仍然是個扶不起的阿斗，不久IBM不得不承認失敗並停止小PC的生產線。

巨人吃蘋果

IBM稱王

自1994年為止，IBM總計推出了PC、XT、小PC三項產品，其結果很明顯的，PC、XT獲得空前的成功，小PC在「侏儸紀效應」的逐漸發酵下，馬前失蹄，吃了敗戰。

總計，IBM個人電腦系列產品的銷售量，1981年（四個月的時間）賣了5萬套，當年蘋果電腦一整年的銷售業績是13萬6千台。1982年IBM PC的銷售量為18萬套，已逼近蘋果電腦22萬套之數。1983年IBM陸續推出了XT、小PC，其整體銷售量總數達60萬部，直逼蘋果電腦。自1983年起IBM奪取了將近一半的市場，許多小型電腦公司紛紛倒閉或陷入窘境。即使是蘋果電腦股價也由63元跌到24元。

IBM個人電腦不僅取代了蘋果二號的龍頭地位，它也使IBM的營收邁向歷史新高，該公司成為有史以來獲利最高的公司。自此個人電腦（PC）成了微電腦的代稱，IBM PC的風光，我們不難由此略窺一二。

行銷大觀點

變天大策略

我們可以將IBM PC大受歡迎的原因歸納如下：

‧開放式架構

由於以往看不起個人電腦的市場，所以IBM在個人電腦的製作已比其他小公司遲了好幾年，到後來知道這個市場是大到無止境的時候，才展開緊急進攻，要在一年內設計完成上市。爲了這個目標，IBM採行開放式架構，儘量採用現有的零組件，例如以英特爾的16位元微處理器做微軟的作業系統，日本三菱公司供應顯像器等，才能達成一年內設計完成上市的目標。

‧較先進的設計

IBM採納微軟的建議，選擇英特爾公司的16位元微處理器作爲其個人電腦的心臟。在此之前，幾乎所有的個人電腦都採用8位元微處理器的設計。

當然囉！與蘋果電腦公司的麗莎電腦比起來，IBM PC還略遜一籌，所以我們的標題是「較先進的設計」，而非「最先進的設計」。這點也意謂產品是否「先進」，只是「銷售成功」、「獲得市場認同」的要素之一，但卻也未必是絕對的要素。

· **廣開軟體之門**

以前IBM的電腦設計是不公開的，因此程式由專人寫作，現在則全部公開，使外界人士可為其撰寫軟體。這意謂著IBM的個人電腦一問世，就有許多軟體可供其使用，例如蓮花公司的LOTUS 1-2-3，這套軟體不僅對IBM PC有開疆闢土之功，蓮花公司憑這套軟體也輕易的擊敗微軟，成為當時最大的軟體公司。

· **多通路配銷**

除了IBM原有的業務代表外，IBM也讓八百多家經銷商銷售其個人電腦，其中也括Computer Land（美國最大的連鎖電腦店，1990年代被台灣的神通集團併購）等著名的連鎖經銷商。

· **低成本製造**

IBM耗資數百萬美元，建立起可低成本大量製造的自動化工廠，每四十五秒即可製造出一台個人電腦。

為了釐清微軟、蘋果、IBM三者錯綜複雜的關係，我們依時間的演進將其互動關係整理如下：

(1)1974年6月阿爾泰電腦問世

採用英特爾的8080微處理器的原始型微電腦阿爾泰電腦正式問世。阿爾泰電腦的問世宣告一個新時代的來臨。

(2)1975年7月微軟成立

比爾與其好友保羅成立微電腦軟體公司（簡稱微軟）。初期的業務以開發各式各樣的微電腦程式規劃語言爲主，尤其是培基語言更爲其招牌之作。

(3)1977年蘋果和微軟第一次合作

史提夫與伍茲將車庫精神發揚光大成立蘋果電腦公司。以摩托羅拉6502微處理器爲中央處理器的APPLE II正式上市。

APPLE II的問世不僅爲初萌芽的微電腦產業帶來曙光，更開啓了英特爾與摩托羅拉微處理器的標準之爭。同年秋天微軟與蘋果電腦公司正式簽約，微軟授權蘋果電腦公司使用該公司的6502版培基語言。

(4)1979年麗沙計畫

史提夫主導的「麗沙計畫」開始運作，麗沙計畫以設計出一台全新的微電腦、延續蘋果二號的霸業爲目的。

(5)1980年IBM與微軟合作跨足微電腦產業

原本看不起微電腦市場的IBM於7月間成立體制外的「西洋棋小組」欲快速的切入此一市場。「西洋棋小組」採行IBM企業史上首見的「開放式架構」，將其微電腦的重要零組件外包，英特爾、微軟成爲IBM進軍微電腦的策略夥伴。

12月蘋果電腦股票正式公開上市。蘋果電腦公開承銷的460萬股，在一小時之內被搶購一空，連微軟公司的比爾蓋茲也買了一些蘋果電腦股票。當日，蘋果電腦股價自22美元的承銷價漲至29美元做收。

蘋果電腦公司內鬥加劇，史提夫被排除於「麗沙計畫」

外。當年9月史提夫脫離新產品開發工作，任職董事長一職。IBM與微軟於11月簽下了一紙合約。微軟除了替IBM開發作業系統、程式語言等軟體外，微軟在硬體的部分也有協助設計之義務。

(6)1981年蘋果、微軟二次合作

1月初史提夫入主「麥金塔」小組。8月，他訪問微軟，邀請微軟加入麥金塔電腦的軟體開發工作。在微軟的合作之下，IBM正式推出了名爲Personal Computer的微電腦。

(7)1983年麗莎、LOTUS 1-2-3、XT、小PC問市

蘋果電腦陣營，麗莎電腦問世，最後鎩羽而歸。IBM方面LOTUS 1-2-3、XT、小PC，相繼推出，IBM成爲新霸主，微軟亦擊潰數據研究公司，獨享PC作業系統市場大餅。

第八章 封印之謎

1983年起，市場上逐漸出現IBM PC的分身——「IBM相容電腦」，與IBM爭食市場大餅，到底「IBM相容電腦」是如何興起？藍色巨人置於PC機體內的封印如何被破解？「相容電腦」將如何改變個人電腦市場的結構？

從當今全球個人電腦霸主——康柏電腦和緊追其後的戴爾電腦崛起之過程，我們不難窺知一二……

PC的封印

不完全開放的開放系統

IBM採行開放式架構，以現有的零組件，組裝個人電腦，無疑是其成功的重要因素之一。但這卻為某些人開了方便之門，因為每個人都可以向英特爾買微處理器，向微軟買作業系統，並依照IBM所公布的技術資訊，組裝成IBM相容電腦，在市面上販售。

與IBM PC相同的微處理器、相同的作業系統，可以執行所有為IBM PC開發的軟體，這就是「IBM相容電腦」。事實上在大型電腦的市場上，與IBM相容這種「寄生」的策略，一向是其他電腦廠商生存的唯一方法。

難道IBM就這麼傻呼呼的敞開大門，讓外人分食PC大餅嗎？其實，聰明如IBM者，早已在PC機體內設下障礙。IBM在PC之內，貼上了一枚封印，也就是這枚封印，阻絕了某些想寄生"IBM"、「插花」PC市場人士的如意算盤。

原來在IBM PC內，有一套專屬的「基本輸出輸入系統」，IBM將這一套驅動PC必要的基本程式申請專利，同時也不對外販賣。所以即使你可以在市場上購得英特爾的微處理器、微軟的作業系統，但卻買不到IBM PC的「基本輸出輸入系統」。

看來，那些想染指IBM PC的人，除了偷偷的盜拷「基本輸出輸入系統」之外，別無選擇了。不過沒有人這樣做，因為IBM龐大的律師團，讓人不得不打消此念頭。

然而，當時遠在台灣的一些電腦廠商，顯然還搞不懂「智慧財產權」是什麼碗糕，如同幾年前，他們仿冒蘋果二號一樣，當IBM PC大賣，很自然的，他們轉向IBM陣營。台灣的電腦廠商，肆無忌憚的盜拷燒錄於於PC主機板上的「基本輸出輸入系統」，以仿造IBM PC，並以低價出口外銷，就是由這些仿冒的PC，為台灣開啓了邁向資訊王國的第一頁。

如同仿冒蘋果二號的結局一樣，在這些仿冒廠商賺了一些錢之後，IBM律師團跨海來調查此事，美國海關扣查仿冒PC，台灣政府打著「保護智慧財產權」的口號，嚴禁仿冒PC，這些仿冒PC的台灣電腦廠商，只得乖乖付一筆權利金給IBM，同時他們也另謀破解「PC封印」之法。

電腦小常識

BIOS：Base Input／Output System，照字面上解釋是「基本輸出輸入系統」，它是控制整個硬體資源輸出輸入的一個系統程式，每次開機都要將它載入，由於相當重要，所以我們將BIOS程式放在主機板上的記憶體內。系統BIOS其主要功能如下：

1.用來控制周邊硬體設備。

2.開機自我測試（測試記憶體、軟碟、硬碟等)。

3.載入作業系統（如：DOS，Windows95，OS／2，UNIX，NT等……)

主機板：如果將電腦當做是棟大樓，那麼主機板就是這大樓的地基。如果將電腦是當成一輛車子，那麼主機板就是這輛車子的底盤。換句話說，主機板就是電腦的底盤、地基。所有電腦的元件如CPU、BIOS、記憶體皆被整合、「裝」在主機板上。

破解PC封印

IBM PC自1981年於美國問世以來，在市場上廣受歡迎，供不應求，雖然某些嗅覺敏銳的業界人士，「好心的」想爲IBM分擔缺貨的窘境、欲介入此市場，然而在「PC封印」——「基本輸出輸入系統晶片」的鉗制下，他們除了望著在市場上買來與IBM PC相同的微處理器、相同的作業系統嘆氣外，也莫不絞盡腦汁，想找出一種能取代IBM晶片的晶片。

至1983年，有些電腦公司，如康柏電腦等，利用「逆向工程」原理，終於發展出自己的「基本輸出輸入系統晶片」，破解了「PC封印」，這些晶片能夠取代IBM晶片，它們有著與IBM晶片相同的功能，但他們的晶片沒有抄襲IBM晶片的程式碼，所以他們可以不用再懼怕IBM的律師團，自此，他們可以光明正大的製造「IBM相容電腦」。

此外，還有一些公司，如鳳凰科技，它們並不製造IBM相容電腦，它們只賣晶片，它們將自己所開發出「基本輸出輸入」系統程式，燒錄在記憶晶片上於市場販賣。

時局發展至此，PC封印慘遭破解，IBM PC成了名副其實的「開放式架構」，任何人都可以在市場上購買與IBM PC相同，或相容的零組件，組裝「IBM相容」電腦，來分食PC市場，看來，一個百家爭鳴的新時代，即將展開。

對於製造IBM相容電腦的製造商而言，他們所賣的電腦必須架構於IBM PC之上，「與IBM相容，可以執行所有為IBM PC所開發的軟體」是最基本的要求，此外想與本尊IBM PC，爭食市場，這些分身必須有本尊所沒有的賣點，方足以打動人心，吸引消費者捨棄IBM這塊招牌，來買他們的電腦。

「低廉的價格」，是相容電腦的主要招數之一，就消費者來講，這絕對是深具吸引力的，想想看，面對著眼前嶄新的展示用電腦，銷售員一方面熟練的操作LOTUS 1-2-3，一邊對你說：「這一台電腦，可以執行所有為IBM PC開發的軟體，價錢卻比IBM PC便宜了五、六百塊美元呢！」面對這種情形，不買它，對得起自己的荷包嗎？

「低價」之訴求顯然對IBM PC極具殺傷力，同時相容電腦的製造廠商也有能力這樣做，因為這些剛冒出來的小公司，其公司規模與員工人數達三、四十萬之多的IBM相比，簡直是小巫見大巫，所以其經常性開銷，遠遠低於IBM這隻大恐龍，故其個人電腦的價格，較IBM具競爭力也是理所當然的。

有些相容電腦則標榜著，比IBM PC「較快的速度」、「較大的記憶體」、「較多的擴充槽」等性能上的優勢，而在日後成為世界第一大廠的康柏電腦和緊跟其後的戴爾電腦，就是緊緊抓住了這一波「相容電腦」浪潮，開啓了新一頁不可能的傳奇。

康柏電腦的崛起

當今世界個人電腦第一大廠——康柏電腦的創辦團隊是來自德州儀器（Texas Instruments）公司。在介紹康柏電腦前，我們先大略介紹一下德州儀器公司。

在70年代初期，半導體工業萌芽時，德州儀器和英特爾一樣，可謂是半導體工業的先驅，其在記憶體的銷售業績，也一向是和英特爾分庭抗禮，並駕齊驅的。

70年代中期，由於全球經濟的不景氣，主宰全球半導體工業的美國半導體業者，爲了暫避風頭，紛紛停止了半導體工廠的增建計畫。於此同時，日本政府將半導體工業訂爲策略性工業，大力協助東芝、松下、NEC等民間家電業者發展半導體，雖然在經濟不景氣的外在環境下，日本家電業者仍咬緊牙，擴建半導體工廠，預謀在下一波景氣回春之際，挑戰美國半導體工業的龍頭寶座。

80年代初期，全球景氣回春，半導體需求大增，日本半導體業挾著其龐大產能，製造廉價記憶體，大量傾銷美國，讓美國半導體業者看傻了眼。日本半導體業者頓時主宰記憶體市場，美國半導體工業元氣大傷；由於無法與日本人競爭，許多大廠紛紛倒閉，英特爾退出記憶體市場，全心轉向微處理器發展，德州儀器也不得不退出記憶體業務一段期間。

德州儀器在80年代初期，宛如IBM的翻版一樣，狂傲的自滿心態，使得公司前途黯然失色，但他們不像英特爾可以靠著微處理器另謀生路。到了90年代，德州儀器更是奄奄一息，所有利潤大都來自於專利權的出售或者控告侵權所獲得的鉅額賠償金。

我們可由80年代台灣宏碁集團併購德儀半導體部門，成立德碁半導體，來印證德儀的處境確是大不如前。

講了這麼多德州儀器，我們還是回到康柏電腦吧！

80年代初期，以康尼恩（Rod Canion）爲首的三位德儀經理人，因不滿公司不願進入初期的個人電腦市場，而跳出來自組公司、另立門戶。德儀三人組首先觀察了個人電腦產業的現況。康尼恩發現，IBM PC已經成爲市場上的標準，因爲在消費者的眼中，唯有購買能執行IBM PC所有軟體、能配合所有替IBM PC設計的周邊設備之電腦，才有保障、才值得購買。

在「西瓜偎大邊」、「順勢寄生IBM」的想法下，與IBM相容的概念，就是康柏電腦的第一個設計理念。在當時，那些自視甚高的大公司，如德州儀器等公司，顯然還沒有認清此一事實，德儀進軍個人電腦市場時，原本想另創標準，他們推出不相容於MS-DOS的電腦，結果該產品給德儀帶來數億美元的損失，當時顯然只有康柏電腦洞燭先機，一開始就強調百分之百的相容，這也是該公司可以很快的在市場上占有一席之地的原因之一。

此外，經由市場調查康尼恩發現「移動性」是消費者最重要需求特性之一。在休士頓的一個飯局上，康尼恩和一些工程師在餐巾上將「移動性」之概念融入了個人電腦中，他們畫出了一個草圖，有手把、可以攜帶的IBM相容電腦。

1982年，IBM PC問世後約一年，康尼恩與著名的高科技投資專家——班羅森會晤商談，這位蓮花軟體公司創業資金的投資者，認同了康尼恩的構想並集資千萬美元，成立康柏電腦公司，康柏電腦首先著手研究破解PC封印之法並製造與IBM PC相容的手提式個人電腦。

康柏的手提式電腦於1983年1月正式推出。與現在的筆記型電腦相較，這台三十磅重的手提式電腦顯然是龐然大物，但至少它是一件式的，可以將之裝在有把手的箱子裏，提著到處走。

康柏的手提電腦問世後，一方面因應了IBM PC供不應求的熱潮，一方面彌補了IBM在手提型電腦的空隙，結果一炮而紅。第一年它銷售了5萬3千套，這種驚人成績使得康柏公司的營業額在一年內就突破1億美元，達1億1千2百萬美元之譜。在此之前，蘋果電腦以五年的時間將該公司的營業額推向億元大關，已被視爲奇蹟，康柏一年內就突破一億美元，更令人不可置信。

康柏的手提電腦爲該公司建立了灘頭堡，自此康柏緊跟著IBM的腳步，亦步亦趨的擴張企業版圖。IBM在1984年8月推出XT的後續機種，採用英特爾286微處理器的AT級個人電腦。第一家仿製這種機器的公司，也是康柏，康柏飛快的成長，變成歷來進入《財星雜誌》五百大企業排行榜中最年輕的公司，然後又成爲年營業額最快達到十億美元的公司。

當然了！康柏是不甘於永遠屈居於IBM之後的，1986年英特爾推出了386微處理器，由於386微處理器功能強大，搭配386微處理器的個人電腦其性能與IBM賣給企業界的中、小型主機已不遑多讓，IBM懼怕386電腦將危及其中、小型主機業務，而遲遲不肯推出386電腦，就這麼一遲疑，康柏取代了IBM，率先採用英特爾386晶片推出386電腦，IBM自此在個人電腦市場上，節節敗退，康柏則逐漸朝PC霸主之路邁進。當然了，這都是後事，若欲知其中詳情，慢慢的往後看就是了！

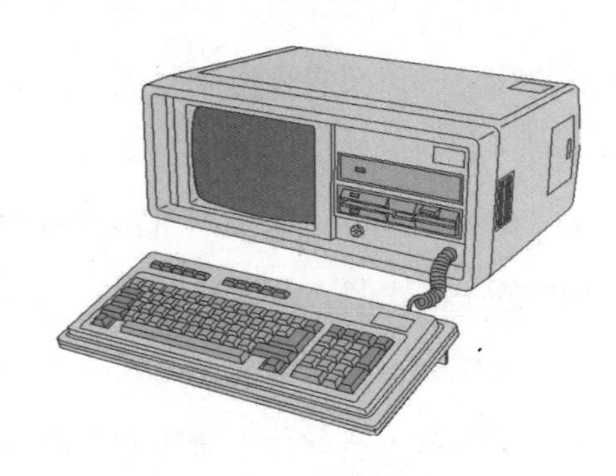

康柏的創業之作——這台手提電腦爲該公司建立了灘頭堡，奠定日後發展的基礎！

話說，康柏電腦空前的成功，讓更多的廠商紛紛如法炮製，投入「IBM相容電腦」的製造行列，消費者發現並接受了

「買IBM個人電腦，並不一定要向IBM買」的事實。的確，買IBM相容電腦，「付了錢，就銀貨兩訖」，而若你堅持要買飽受缺貨之苦的IBM電腦，那可是「有錢，還不一定買得到」的！況且「IBM相容電腦」可以做所有IBM電腦能做的事，價錢卻又比本尊還便宜三、四成。看來，買「IBM相容電腦」似乎是個明智的選擇，不是嗎?!

當投入製造「IBM相容電腦」的廠商越來越多時，我們可以發現，隨著整個個人電腦市場規模越形擴大，IBM PC儼然成爲唯一的產業標準，在「非IBM相容電腦」的陣營中，除了蘋果電腦還頑強抵抗外，其他的廠商皆已繳械投降。

很諷刺的是，IBM PC雖然成爲市場上的標準，但在「IBM相容電腦」爭食其市場的情況下，IBM PC的市場占有率卻一天一天的下滑，眞正受益最大的反而是英特爾與微軟，因爲想製造「IBM相容電腦」，一定要與這兩家公司交易，這看在IBM的眼裏，當然十分的吃味，於是IBM將對「吃其奶水長大」的這兩家公司即將展開一連串的攻擊，不過這都是後事，我們還是先將時間拉回1983年，IBM正飽受PC缺貨之苦，所以，它還感受不到相容電腦製造商的衝擊，而這正是戴爾電腦崛起的背景。

戴爾電腦出列

戴爾電腦的創辦人——麥克戴爾就讀德州大學時，個人電腦風潮席捲整個大學校園，每個大學生都想要擁有一台個人電腦，但是一台將近二千美元的個人電腦，往往令這些窮學生們望而興嘆。其實對於這些學生而言，一台性能足夠滿足其基本需求、價格低廉的電腦，才是他們可親近的「商品」。

於此同時，IBM爲了「激勵」經銷商能有好的銷售業績，IBM提供了「數量折扣」的優惠條件。也就是說，IBM依經銷商每個月的訂貨數量，提供不同的折扣優惠，當然，每個月訂購的數量越多，IBM所提供的折扣將會越大。

爲了壓低進貨成本，以提高銷貨毛利。許多經銷商不管倉庫是否有足夠的空間，也不管是否有足夠的現金交付貨款，只要IBM能賣給他們多少，他們就訂購多少。然而經銷商無法在一個月內出清存貨，於是他們偷偷的將賣不掉的電腦，以成本價賣給未經授權的經銷商。

戴爾收購這些平價個人電腦，經過改裝後，以零售價的八五折賣給同學，戴爾單單靠著在宿舍賣這種黑市電腦，很快地每個月便賺進三、四萬美元。1983年戴爾乾脆休學，成立戴爾電腦公司，全心投入銷售個人電腦的行業。

戴爾電腦的經營理念，即源自於「少年戴爾賣電腦」之經歷，他們認為，消費者會和戴爾的大學同學一樣，想要擁有專門為自己量身訂作、特別設計的電腦，並透過直接的管道取得。

因此，戴爾電腦的經營方式獨樹一幟，他們的經營方式是，客戶以電話訂貨並告知其想要的電腦，戴爾電腦接到顧客訂單後，才開始依顧客的需求組裝電腦，並且以郵寄包裹的方式送貨。

由於採用這種與眾不同的行銷模式，戴爾電腦的零組件得以在需要時才進貨，再加上其郵寄包裹的直接銷貨方式，其零件庫存、商品的存貨、運送成本皆較一般電腦公司還低，相對地，該公司利潤也就越高。

除了上述特殊的行銷模式外，戴爾電腦的售後服務亦為人所稱道，除了消費者可以有要求退貨的權利外，戴爾電腦更提供了到府修理的服務，並設立二十四小時免費服務電話，讓消費者可以直接和工程師溝通、討論以解決電腦的技術性問題。

戴爾電腦也用電話追蹤、調查顧客對產品的滿意程度及產品的優缺點。由於和客戶互動頻繁，所以戴爾電腦對於消費者的需求相當了解，因此戴爾推出的電腦，往往都能掌握市場動脈，獲得不錯之評價及銷售業績。

今天，這家位於德州奧斯汀的電腦公司，每年營業額高達五十億美元，他們仍然堅持著最初的做法，依據個別購買者的特有需求組裝個人電腦，並透過郵購銷售。戴爾電腦挾著其一流的品質和服務，欲圖謀全國個人電腦第一大廠的王座，被康柏電腦視為強勁對手。

戴爾電腦公司的創辦人麥克戴爾，今日不過還是個三十幾歲的年輕小夥子，但隨著戴爾電腦公司的日益茁壯，他已經有四十億美元的身價了。在本章中，我們不過是將戴爾電腦因緣際會的崛起過程做一介紹。往後，隨著PC史話的進展，你將看到戴爾電腦如何一步一步的成長，如何在1992年引發「雙爾風暴」，造成全球電腦業界的寒冬。業界爭鬥的精彩過程容後再述，喝一口茶，喘口氣，再繼續本書未完的PC史話吧！

第九章 主流之爭

第一次「紅藍之戰」，藍軍靠著PC、XT將紅軍麗莎電腦打得潰不成軍，取代蘋果電腦成了個人電腦的新龍頭。在一片「IBM萬歲」的呼聲中，史提夫仍不死心，想以摩托羅拉微處理器、 圖形介面、滑鼠裝置所架構的「麥金塔電腦」（MAC）與IBM PC爭主流……

整軍經武

紅軍力爭主流

在前面的章節中我們提到：1983年第一次「紅藍之戰」，藍軍靠著PC、XT將紅軍麗莎電腦打得潰不成軍，並取代蘋果電腦成了個人電腦的新龍頭。自1983年起IBM個人電腦席捲整個市場，其供不應求的熱況，我們不難由市場上如雨後春筍般冒出的「IBM相容電腦」也跟著大賣來印證。

藍軍出招IBM個人電腦成了市場新主流、業界的「標準架構」，與IBM不同架構、不相容的電腦廠商，除了蘋果電腦公司還靠著老而彌堅的蘋果二號電腦頑強抵抗外（蘋果電腦的「蘋果二號部門」一向由伍茲領軍，伍茲不斷的改進蘋果二號性能，使得蘋果二號的業績一向是該公司的銷售主力，就在蘋果二號的獨立支撐之下，蘋果電腦公司1983年的總銷售額仍達十億美元），其他不同架構的電腦皆被IBM清除的一乾二淨，不得不淡出市場或向IBM靠攏，製造IBM相容電腦來維生。

雖然在璀燦的業績之下，IBM個人電腦「小組」膨脹成「事業部」，再度被拉回了IBM的官僚體制中。不過在PC、XT空前成功的光環籠罩之下，各家製造IBM相容電腦的廠商，仍將IBM奉爲圭臬不敢踰越一步，他們在「IBM個人電腦架構」

下，找尋IBM所忽略的「洞」，欲切入市場分一杯羹。

在一片「IBM萬歲」的呼聲中，只有自詡爲「個人電腦祖師爺」的蘋果電腦仍不死心，他們仍想以摩托羅拉微處理器、圖形介面、滑鼠裝置來架構自己的一片天。

1983年初，第一次「紅藍之爭」中，麗莎電腦慘遭滑鐵盧，但對史提夫而言，蘋果電腦的新產品——「麥金塔電腦」，才是其重振蘋果電腦霸業的利器。此外，麥金塔電腦更是史提夫一手呵護長大的，他要藉著麥金塔一洗當初被迫離開「麗莎計畫」之恥，他要藉著麥金塔向世人宣告，蘋果電腦不只是只有伍茲的蘋果二號。總之史提夫認爲，麥金塔將會是台「人人買得起，個個會使用」及「改變世界」的電腦，而他——史提夫則是麥金塔電腦的父親。

麥金塔電腦的開發始於70年代末期，與「麗莎計畫」相較，「麥金塔計畫」原本只是蘋果電腦公司當做備份之用的小計畫。史提夫於80年代初接掌了「麥金塔計畫」後，便將麥金塔電腦的微處理器升級，換成和麗沙電腦相同的68000微處理機器（32位元），以使麥金塔電腦有足夠的能力來顯示圖形介面，讓使用者可以滑鼠、游標來「玩」電腦，創造個人電腦「易學易用」的新典範。

從麗莎電腦的失敗，史提夫得到不少借鏡，他們盡量縮減成本，所以麥金塔的螢幕較小，記憶體容量只有十二萬八千個字（128KB）（麗莎則有一百萬個字元，即1MB）。在那個記憶體相當昂貴的時代，「麥金塔電腦」不得不搭配較少記憶體、犧牲一點效能，以免重蹈麗莎電腦高價不可攀的覆轍。

爲了避免「麥金塔小組」如同麗莎計畫一樣脫離控制。史提夫堅持採取小的組織結構，好讓他能主控每個人，要每個人都能屈服在他的意志之下。因此，史提夫將軟體外包給業界其他軟體商。微軟、蓮花等軟體公司都允諾將在「麥金塔電腦」問世之日，提供「麥金塔電腦」應用程式。

除了產品設計方向及開發團隊的組織架構，史提夫還有一項待解決的人事問題。蘋果公司總經理麥克是一位出身快捷電子、個性硬直、心直口快，有幾分類似史提夫，但較史提夫踏實穩重的工程師。麥克其實是公司大股東——馬大叔所引薦，用來「制衡」史提夫的棋子。所以麥克與狂傲、野心極大的史提夫一向是不合的。

話說1980、81年蘋果公司一夕功成名就，爲了延續霸業，各項新產品的發展計畫紛紛被提出，「小蘋果」突然膨脹成擁有千人之眾的大公司。爲了重塑公司活力，麥克、馬大叔、史提夫這三大巨頭決定以「裁員」的手段，對一些「混吃混喝」的員工施以薄薄懲戒。沒想到這個蘋果公司成立以來首次的「裁員」行動卻引起軒然大波。

員工認爲公司財源滾滾而來，沒有理由「惡意整人」，於是他們打算成立「工會」，與領導階層對抗。由於史提夫事先刻意與「裁員行動」保持距離。總經理麥克首當其衝成了員工千夫所指的黑手。爲了平息眾怒，麥克成了代罪羔羊，不得不辭職離去。

除掉了「眼中釘」後，史提夫心想終於大權在握，可獨立經營公司了，但董事會卻認爲史提夫還年輕，經驗尚不足，最好專注於產品發展。於是，原本已「隱居山林」的馬大叔，親自披掛上陣，接手總經理一職，但他答應董事會「會儘快找人接手」。

經由紐約一家「獵人頭公司」的推薦，蘋果公司「看上了」百事可樂公司執行總裁，曾一手主導「百事可樂與可口可樂大戰」的史考利。

蘋果公司希望藉著史考利行銷、商管的長才在電腦界重演當年百事將可口可樂趕下業界龍頭的戲碼，並希望史提夫「有樣學樣，從中學習」，有朝一日蛻變爲足以擔當大任的人才。

要賣糖水或是改變世界?!

史考利到底是何許人也？話說60年代初期，爲了撼動強敵可口可樂的江山，當時擔任銷售經理的史考利喊出了「百事可樂新生代」的訴求，爲百事可樂低迷已久的銷量注入一池活水。

1964年，「現在，對心不老的人來說，百事可樂是你的飲料」的口號，再加上其後「來吧！你是百事可樂的新生代」、「青春的享受，百事滋味無窮」等行銷訴求，1970年31歲的史考利成爲百事有史以來最年輕的行銷副總裁，成功的把百事可樂與年輕、新潮的印象相結合，並使消費者潛意識裡將可口可樂與「落伍、不合潮流」畫上等號。

由史考利主導的一連串攻勢，大大提升百事可樂市場占有率。1977年他出任百事執行總裁，不但將可口可樂趕下王座，並成爲百事下任董事長的候選人之一。

史考利的傳奇故事與蘋果電腦公司的形象相當吻合，再加上其在企業界的顯赫資歷，所以，他成了蘋果電腦公司總經理的不二人選。史提夫亦認爲，這位來自大公司的行銷專家，有助他的「反藍聖戰」，於是史提夫親自到紐約展開「挖角」行動。

兩人會面後，史提夫與史考利兩位少年英雄，惺惺相惜成了無話不談的好友，無奈史考利始終不願放棄他在百事可樂所擁有的一切，去跨足他完全陌生的電腦業。

1983年3月，史提夫忙完了麗莎電腦的上市宣傳後，又再次拜訪史考利。兩人從火樹銀花、燈火通明的百老匯大道走進了聖利姆大廈，在透明的景觀電梯上，遙望著漸漸縮小的人車、哈得遜河與自由女神。

史提夫低頭下望，沉默了好些時刻，終於從他喉嚨裏迸出了一句話：「你……難道想用餘生繼續販賣糖水？還是來做些改變世界的事……」

衝著史提夫這一句撼動人心的話，和一百萬年薪、一百萬紅利及三十五萬股的蘋果公司股票，史考利於1983年5月成了蘋果電腦公司的新總裁，看來史提夫一切都布置好，只等待麥金塔電腦的問世了。

麥金塔上市

紅旗昂揚

麥金塔這個劃時代的產品要怎樣定價呢？爲了實現「人人買得起」的目標，史提夫原主張以一千美元推出，但經過成本、利潤的估算後，不得不改爲一千九百美元。新聘來的執行總裁史考利則極力主張，再加上五百美元的廣告費用。

最後，麥金塔就以二千四百九十五元的售價拍板定案，並被重新定位爲商用電腦，以符合麥金塔稍高的售價。其市場銷售目標爲中小型企業裏的上班族和大專院校學生（註：當時的PC 256K／單磁碟機售價2379美元，PC 256K／雙磁碟機售價2908美元，PC XT 256K售價5325美元）。

爲了替麥金塔造勢，蘋果電腦公司撥出了一千五百萬的宣傳預算，印製了一千萬份廣告插頁附在各種商業、電腦雜誌內。另外在奧運會、美式足球超級杯的轉播上，經由電視廣告全美超過一半的人知道，1月24日，麥金塔電腦即將問世的訊息。

麥金塔問世的前兩個月，史提夫和麥金塔的身影在全美各大傳媒密集曝光。兩個月前（1983年11月）IBM推出其低階產品——小PC這項失敗的產品，雖不至影響到整個IBM PC霸業，但卻加深了人們對麥金塔的期待與好奇心。人們望著乏善可陳的小PC，迫不及待的想知道，蘋果電腦公司又搞出了什麼新玩意來！

1984年1月24日，採用摩托羅拉32位元68000處理器的麥金塔電腦終於正式問世了。在蘋果電腦公司股東大會上，整個氣氛被刻意的營造，會場彌漫著宗教狂熱的意味，只是大家所信仰的居然是——一個由鐵、矽、塑膠，所構成的小盒子，一個被宣稱將會改變世界的產品。

大會開幕，史考利首先公告1983年業績，即使麗莎電腦的銷售狀況不甚理想，公司拱手讓出業界龍頭寶座，但在蘋果二號改良型的獨撐下，由車庫起家後的第八年蘋果公司已經成爲擁有十億美元總銷售額的大企業，是美國企業史上成長最快的公司。

燈光漸漸黯淡之際，史提夫提著一個裝有麥金塔電腦的手提箱出場，並放在講台上。站在只有閃光的大廳，史提夫首先以一種「褒紅貶藍」的觀點回顧電腦界的歷史，像佈道家一樣，他以激昂的語氣、豐富的肢體語言，發表如下演說：

1958年，有家小公司開發出一項完美的新技術——全錄影印術，IBM本有機會買下這技術，但它放過了這個機會。兩年後全錄公司誕生了！從此IBM再也沒有能力在這領域插上一腳。

60年代末期，迪吉多公司製造出迷你電腦。IBM看不起這

些迷你電腦並拒絕參與其中，後來迪吉多成了一家大公司。在消費者的要求下，IBM不得不跟進，發展迷你電腦。

80年代，蘋果二號電腦成為全球最暢銷的微電腦。蘋果電腦公司由車庫發跡，一躍成為美國有史以來發展最快的公司。到了1981年，整個微電腦產值十億美元，五十多家個人電腦製造公司參與其中，IBM才匆匆投入市場。

1983年蘋果公司和IBM各做了十億元個人電腦的生意，他們成為市場雙霸天，其他生產個人電腦的小公司紛紛倒閉，他們在1983年虧損的總額差不多等於IBM與蘋果所得的利潤。

進入1984年，IBM似乎有吞噬整個市場的趨勢。蘋果公司是唯一可以跟IBM相抗衡的公司。現在IBM茅頭指向了蘋果公司。各位你們是否要讓「藍色巨人」再度主導整個電腦界、主宰資訊世紀的發展？

在一陣混亂的喝采聲中，燈光亮起，麥金塔電腦的精巧造型，終於呈現世人眼前。最後，史提夫將IBM與蘋果電腦不同的微處理器做一比較，他說：「麥金塔使用的摩托羅拉68000晶片可以將IBM電腦的英特爾8088晶片當早餐吃掉。」

在持續的歡呼聲中，史提夫告訴與會人士，「我已經說夠了，現在，讓麥金塔自己說話吧！」藉由一套語音原型軟體程式，麥金塔電腦開口說話了，「哈囉！我叫麥金塔。從箱子裡被拿出來的感覺眞好，對大家公開說話我還不太習慣，但絕對不要相信一台你抬不動的電腦。現在我要以無比的榮幸介紹史提夫，他好比是我的父親。」

看著史提夫的精采演出與麥金塔電腦的問世，現場觀眾如癡如狂，歡聲雷動達數分之久。大廳裏前五排坐著的全是穿著印有麥金塔T恤的年輕人，那都是麥金塔小組的成員，他們相互擁抱並高興的哭叫。觀眾們不禁又鼓掌起來，全場充滿了宗教狂熱的氣氛。

蘋果電腦的行銷攻勢相當成功。麥金塔很快的深入人心，幾乎所有評論都同意麥金塔電腦是一台在技術上有重大突破的電腦；從外型精巧、圖形能力，到應用的簡易、售價低廉等優點。麥金塔被公認是新一代電腦的代表作、是一件無與倫比的商品。

在銷售方面，麥金塔也是成績輝煌，所有經銷商都缺貨，而等候購買的顧客則大排長龍。麥金塔電腦頭兩個月的發貨量在一個星期內都被銷售一空，百日之內，銷售量即達七萬套。許多人紛紛群集在各門市，要親自一睹麥金塔電腦的風采，看看廣告中所講的種種功能。

另外，爲了「放長線釣大魚」，培養忠實的消費群．蘋果電腦公司亦在校園展開了促銷計畫。在麥金塔推出上市的同一天，一些美國知名的大學如哈佛、史丹福、普林斯頓等八所學校，與蘋果電腦公司簽訂了一紙逾二百萬美元的採購合約。這些學校將在未來兩年內以優惠的價格買進麥金塔電腦，然後再以一千美元的價錢轉售給學生。

1984年4月蘋果公司乘勝追擊，在史提夫的主導下，又推出了一款蘋果二號的改良型電腦“APPLEⅡe”。這部機型的構想源自於新力隨身聽。所以APPLEⅡe是一台小巧、容易攜帶、設備齊全、不需外接插座，並且透過「百貨公司」來銷售的「攜帶式」電腦。

APPLEⅡe的行銷策略與麥金塔如出一轍，上市前的一個月，APPLEⅡe的八頁廣告小冊被附在《時代週刊》、《體育畫刊》、《金錢》等雜誌上。APPLEⅡe的促銷廣告也在各大城市的主要電視及電台密集出現。在促銷其間內，估計有二千四百萬人至少看過蘋果APPLEⅡe的電視廣告二十次以上。

在舊金山，一個名爲「永遠的蘋果二號電腦」的展示會中，所有蘋果二號系列產品均被展出，以爲「蘋果二號家族」的新成員——APPLEⅡe造勢。

在展示會上，史提夫仍不忘向媒體吹捧他的寶貝麥金塔電腦。面對著眾多媒體，他得意揚揚的說：「麥金塔在推出後的第一百天，共計已售出七萬套，比原定目標超出了兩萬套……麥金塔就是80年代的蘋果二號電腦……」。蘋果公司的股票亦由23.124美元升至33美元。

1984年上半年，麥金塔電腦和APPLEⅡe的銷路極好。蘋果公司將所有生產線滿載生產，每個月四萬台的產能，仍無法滿足市場需求；這不禁令史提夫對即將來到的市場旺季感到憂心忡忡。

就個人電腦產業而言第四季（適逢爲孩子準備禮物的聖誕節）一向是傳統的銷售旺季，該季的銷售額往往會占全年的四分之一之多。以蘋果公司現有的生產力來看，顯然無法滿足銷售旺季的廣大需求，這該怎麼辦呢？（註：此表示史提夫對麥金塔電腦和APPLEⅡe的後市顯然抱著樂觀的態度。）

大筆投資並擴充產能

1984年上半季，麥金塔、APPLEⅡe的銷路極好，史提夫對其後市抱著樂觀的態度。爲了迎接銷售旺季的到來，史提夫和史考利向董事會提出擴充產能的計畫。

史提夫計畫將公司現有一億五百五十萬元的流動現金，取用一億元來擴大生產。如此一來，便能將產能擴充一倍，足以應付耶誕節的旺盛需求。史提夫認爲，如果能乘勝追擊，麥金塔勢必成爲業界新標準，蘋果公司將可重回業界龍頭王座。

這顯然是一項大賭注，雖然許多董事都面有難色，但最後他們還是批准了這項計畫。此外，爲了應付上市後種種繁忙的後續工作，史提夫將麥金塔電腦部門的員工由一百人擴充到七百人。

這時候IBM PC系列產品，以35%的市場占有率，穩坐業界龍頭，蘋果電腦公司則以12%跟隨在後，其餘的大都被數十家製造IBM相容PC的電腦廠商所瓜分。

藉由麥金塔電腦、APPLEⅡe的銷售熱潮，蘋果紅旗再度揚升，史提夫調兵遣將，目的是想一舉摧毀IBM PC的霸業。看來，在史提夫與史考利的合作下，蘋果電腦來勢洶洶，似乎有機會打贏這場與IBM對決的「聖戰」。

應用軟體致命延遲

導致麥金塔滯銷

世事的變化往往很難盡如人意，1984年年底，任憑史提夫如何大聲吼叫終究挽回不了麥金塔電腦銷售量江河日下的事實。

原本預期在耶誕旺季每月會賣出六、七萬台的電腦，現在卻只能賣個一、兩萬部，滯銷的貨品堆滿倉庫。APPLE II e的狀況也好不到那裏去。這令史提夫十分沮喪，他實在無法理解，爲什麼這樣優秀的產品竟然會滯銷?!

其實，在令人眼花撩亂的促銷活動下、這一個令人耳目一新、大受好評的產品亦有不少隱憂。就軟體方面來說，蘋果公司低估了撰寫良好麥金塔軟體的難度。

圖形介面的軟體，雖有著親和力強、易使用的優點，但愈易使用的電腦軟體，其程式的編寫也愈複雜，所以許多外界軟體商承諾過要隨麥金塔上市一同推出的應用程式，都遲遲不見蹤影。

此外，在麥金塔的研發過程中，「點子王」史提夫往往任意要求工程師依其想法更改設計。軟體爲了配合硬體架構，往往也必須跟著改變。例如微軟爲麥金塔所發展的試算表軟體

"Multiplan"前前後後就重寫了七次之多。

"Multiplan"上市之後由於程式瑕疵過多，必須回收修改，且要幾個月後才能重新推出。雖然微軟、蓮花等軟體公司的頭頭都穿著麥金塔襯衫，出現在蘋果公司的宣傳手冊裏。比爾蓋茲甚至預測微軟1984年的收入之中有一半將來自麥金塔程式。但除了微軟兩個有瑕疵的軟體外（另一個是培基語言程式），在麥金塔推出的當天，竟無任何由外界第三者所發展的軟體可供使用（註：一年後，微軟總算在麥金塔平台推出大受好評的EXCEL試算表軟體，爲麥金塔開疆闢土。不過微軟從蘋果身上所得到的似乎更多，微軟將麥金塔上「圖形界面」的開發經驗轉用於PC平台的"WINDOWS"軟體。藉由"WINDOWS"的大受歡迎，微軟的霸業得以延續。看來，不管IBM與蘋果如何相鬥，微軟始終是「站高山看馬相踢」，反正「死道友，不是死貧道」，最後得利的終究是微軟）。

麥金塔被定位爲商用電腦，市場主要銷售目標爲中、小型企業，但兩種「用於辦公室的策略性產品」卻遲遲未能推出，更對麥金塔的銷售帶來不利影響。一個是LaSer Writer（雷射印表機軟體），這個軟體是用於驅動麥金塔的雷射印表機。

以往的撞針式印表機使用起來工作效率慢，又十分吵雜。雷射印表機源自於全錄公司，它不僅工作速度快，且完全沒有雜音，配合其專屬軟體後，它可產生近似排版品質的文字及高品質圖形。

換言之，有了麥金塔電腦、雷射印表機和這套專屬軟體，就如同坐擁一個印刷廠，可以自行在辦公室裏，印刷各種文件、書信。而將這種高價（7000美金）、高科技印表機導入個人電腦市場的又是「點子王」——史提夫。兩年後整套「桌上排版系統」的配備推出後，果然大爲轟動，爲麥金塔的銷路注入一劑強心針。不過，當時史提夫已經被迫離開蘋果公司了。

另一個「致命的遲疑」是一個可使辦公室多部麥金塔電腦連線的網路軟體。此網路用來將所有麥金塔串連，可以同時使辦公室裏多部電腦使用一部雷射印表機等周邊設備。

若再加上檔案服務系統（File Server軟體），則網路上的麥金塔電腦可以當成終端機使用。整個"APPLE BUS"網路將成爲最易使用的網路。透過圖形及滑鼠的操作，將可把各類檔案、文件存入中央系統並提供網路上其他電腦取用。此外，他們也計畫推出用來連接麥金塔和IBM電腦的連線軟體，此種系統將可使各種大小的電腦在同一辦公室電腦網路中連線。

上述產品，無疑是麥金塔想要進軍企業界必要的「配套設備」，如能準時上市，將會是麥金塔的神兵利器，無奈卻遲遲無法如期上市。

就硬體方面來說，128KB的主記憶體顯然效能不足，無法滿足麥金塔電腦繪圖系統之需求。此外，亦有使用者對麥金塔僅有一部軟式磁碟機的設計和稍小的螢幕發出不滿之聲。

雖然，有許多的硬體製造商，視此爲生意上的契機，好心的想替麥金塔電腦製造相容的配備，希望能分得一杯羹，但蘋果公司卻吝於提供適當援助，拒絕透露相關系統規格，導致這些「外部供應商」的產品穩定性有問題，最後逼的這些廠商不得不朝非麥金塔系統發展，而跑去與IBM共舞。

麥金塔電腦缺少軟體，有如汽車沒有汽油，動彈不得。使用者雖然了解到麥金塔軟體比PC更容易使用，可以節省訓練成本。然而他們卻以缺乏軟體和主記憶體僅128K容量爲理由，不願將麥金塔當成眞正的企業電腦。

除了上述原因，蘋果電腦死對頭IBM也來參一腳，爲了刺激市場買氣，IBM於6月份將整個個人電腦產品線降價（註：麥金塔2495美元，PC256K／雙磁碟機售價2908美元→2420美元，PCXT256K售價5325美元→4395美元），並宣告將在8月推出新的PC機型——AT，到底IBM這一次的出擊，會對市場造成何等影響呢？

藍色殺機

AT出擊

自1981年IBM進軍個人電腦，以微軟的作業系統、英特爾微處理器架構產業標準，讓個人電腦使用者能在任何IBM相容電腦上，使用相同的應用軟體，個人電腦市場的需求開始呈現爆炸性成長，從1982到84年，個人電腦銷售量增加三倍多。

爲了在巨人底下求生存，廠商選擇從IBM產品線縫隙切入市場。康柏以「機動性」爲訴求推出「手提電腦」（註：1984年中，康柏亦推出一款功能超強、擴充性良好的桌上型PC，自此康柏穩坐相容品牌第一位）。電話巨擘AT&T則推出高階、高價位的個人電腦。

AT&T的3B系列電腦，使用UNIX作業系統，可支援多個使用者，尤其是透過網路，可與多種電腦相互結合，頗適合企業界的需要。亞洲地區的台灣、韓國則主打「低價牌」，以低於IBM電腦售價的30％～40％，積極搶攻美國市場。

面對這等群雄並起的渾沌局勢，IBM見招拆招，早就擬好擴充產品線計畫，野心勃勃的在市場上布下天羅地網，欲來個「大小通吃」，對相容PC趕盡殺絕。

1983年11月IBM推出其低階產品——小PC，不過卻在市場上遭到挫折。1984年2月推出手提式PC，重達30磅，架構過於笨重，螢幕又很模糊。在講求「輕、巧」的手提式產品中顯得十分突兀，市場反應冷淡。基本上，這只是IBM「擴張產品線」策略下的產物，因此顯得沒有特色無法得到消費者的肯定。

爲了刺激1984年下半年漸漸低迷的市場買氣，IBM更於6月份將整個人電腦產品降價23%促銷。但這些促銷活動卻令素有「藍色巨人」之稱的IBM尷尬不已。

1984年7月IBM再擂戰鼓，推出了小PC改良版本，將以往備受批評的鍵盤改爲標準打字機鍵盤，並且增加其記憶容量，以便使小PC能夠執行如Lotus 1-2-3等軟體。同時並宣布將推出採用英特爾286晶片爲中央處理器，搭配微軟MS-D0S 3.0版爲作業系統的AT電腦，朝高價PC進軍。

AT是Advance Technology的縮寫，意謂著產品技術更上層樓、邁入全新里程之意。AT的286晶片比原來的IBM電腦快三倍，有512K的記憶容量，搭配20MB的硬碟，售價5795美元。

AT於1985年2月開始供貨，主要競爭者爲AT&T的3B系列電腦。同時IBM亦發表其第一個PC網路，此系統能讓數十名辦公室職員將其電腦連接起來，以便能夠使用相同之商業資料。

除此之外，IBM並展示一個稱爲“TOP vie”的程式，利用此程式可讓使用者將電腦螢幕分割成數個區域（或稱爲視窗），並可在同時執行不同的工作。AT由於威力極大，擴充便利，價格便宜，可進行多人多工作業，又可和以往眾多的PC軟體相容。除了直接與“AT&T3B”系列電腦直接對抗外，對一般迷你電腦，亦有相當的替代作用，甚至對售價差一級的麥金塔，都造成壓力。

AT上市初期，由於IBM「入門系統事業處」，並未依照「IBM祖宗條例」之「每一零件組，都要同時有兩個供貨源，以免出狀況」，而將AT硬碟交由單獨一家外部供應商供貨。

沒想到，初上市的AT很快的被發現硬碟有瑕疵，且又無第二貨源可供替換。所以，初期AT供貨量不多，成長緩慢。這項錯誤使該部門被董事會捉到小辮子，也加強了日後IBM董事會對其加強干預，拉回官僚體制的正當性。

其後，IBM以自行生產及OEM代工的方式，確保硬碟機之供應，AT的生產才逐漸增加。AT問世，大大增強了IBM PC系列產品陣容。整個PC家族包括了IBM PC、XT、小PC、手提PC、AT等成員，堅強的陣容是其他競爭者所望塵莫及的。

雖然一般低價產品受AT直接影響較微，但AT推出的進一步的鞏固PC系列產品的地位。令其他原來已經處於相當艱苦局面的同業更加的黯淡。

1985年7月IBM AT的市場占有率爲11％、麥金塔則由之前的15％降爲9％，AT之強勢不難由此看出。AT的上市對其他業者造成壓力，卻讓英特爾靠著286晶片的大賣逃過日本「傾銷廉價記憶體」之劫，並確立英特爾的「策略轉型」——放棄記憶體市場，全力朝「微處理器」方向發展。

英特爾翻身

超微半導體來攪局

自1970年初，英特爾開發出史上第一片半導體記憶體晶片後，該公司就以記憶晶片爲主要業務，並執全球半導體技術之牛耳。70年代中期，由於全球經濟的不景氣，主宰全球半導體工業的美國半導體業者，爲了暫避風頭，紛紛停止了半導體工廠的增建計畫。

於此同時，日本政府將半導體工業訂爲策略性工業，大力協助東芝、松下、NEC等民間家電業者發展半導體。雖然在經濟的不景氣外在環境下，日本家電業者仍咬緊牙根擴建半導體工廠。他們相信「時到，花便開」，預謀在下一波景氣回春之際，挑戰美國半導體工業的龍頭寶座。

80年代初期，全球景氣回春，半導體需求大增。日本半導體業挾著其龐大產能，製造廉價記憶體，大量傾銷美國。日本半導體業者頓時吃下64K記憶體的一半市場，讓美國半導體業者顏面盡失。日本半導體業者並積極投入大筆經費研發下一代256KB的記憶體。

在日本「廉價晶片」的攻勢下，美國半導體工業元氣大傷，由於無法與日本人競爭，許多大廠紛紛倒閉。當時以記憶晶片為主要業務的英特爾當然也岌岌可危，光是1983年第三季，英特爾虧損了一億一千四百萬美元。為了確保自己的微處理器供應商能度過危機，IBM在1982年，投資兩億五千萬美元，買下英特爾12%的股權，並附有在八年內加買10%股權的權利。

當然囉，IBM並不是在做「慈善事業」，IBM利用與英特爾的「親密關係」買斷了初期AT晶片的全部產能，以拖延「相容PC」進入市場的時間，這個「緩兵之計」的確發揮了功效。AT推出六個月後，康柏電腦才發表其AT級產品。

為了避免日後受制於單一供應商，IBM亦乘機要求英特爾將晶片授權給另一家公司成為第二供貨來源。雖然從英特爾的角度來看，這種「飼老鼠，咬布袋」的做法無疑是製造競爭者，為自己添麻煩，無奈「拿人手短，吃人手軟」，在幕後金主的要求下，英特爾不得不與「超微」（Advanced Micro Devices，AMD）這家公司達成為期十年的交叉授權協議。

在這裏我們不得不先介紹一下《PC英雄傳》的新同學「超微」。到底超微是何方神聖呢？其實超微亦源於「快捷」一脈。超微與英特爾約同時創於1968年，該公司創辦人山德士三世曾與英特爾老大諾宜斯、摩爾等人共事過。

在這種「親家帶著親家」的關係下，超微被英特爾選為附加來源。依據雙方的協議，英特爾將製造X86系列晶片的技術與權利授與超微，超微亦同意授權英特爾製造未來該公司所設計的產品。

話說自80年代中期，英特爾全力朝「微處理器」發展，利用優勢技術，貫徹其創辦人摩爾所提出——每十八個月單一處理器之電晶體性能加倍的摩爾定律。

英特爾十三年之間創造了五個世代的微處理器家族，並且一腳踢開當年拉他一把的金主IBM，進而主導整個個人電腦的發展。英特爾不僅將CPU賣給IBM，更將之供應給製造IBM相容PC的廠商。

英特爾「這邊也賣，那邊也賣」，賺得荷包滿滿的。如今英特爾CPU占所有IBM相容PC的80％，其股票總值在90年代初期就超過IBM。今日的英特爾雖然意氣風發，貴爲全球股市「高科技股」龍頭。不過，當年由IBM所主導的一紙授權合約卻成了英特爾「心中永遠的痛」。

這些年來，超微靠著「授權合約」製造「與英特爾相容」的CPU，成了英特爾的「分身」，與英特爾「本尊」相互爭食X86微處理器市場。雖然這些相容廠商只能「吃」英特爾「吃剩」的殘羹剩飯，但英特爾始終憤忿難平。

爲了擺脫超微這「吸血鬼」，90年代初期，英特爾一狀告上法庭，與超微打了一場史上持續最久的專利戰爭。不過，仍然無法阻絕超微繼續製造X86微處理器的行爲。

超微打死不退，搞得英特爾使出「蜥蜴斷尾」的伎倆。英特爾將其微處理器重新「塑身」，於1997年發表全新架構的

“Pentium II” 微處理器，並將之申請專利，以徹底阻隔相容製造商的進犯。當然囉，超微仍是不死心，持續原有的架構，推出足堪與“Pentium II”匹敵的“K6”晶片。

到底詳細情形如何，欲知兩家公司的恩怨情仇，繼續往下看你就知道了。不過別忘了感謝IBM當年導演的這場戲呢！

麥金塔生不逢時

電腦業邁入黑暗期

除了麥金塔本身的瑕疵和IBM的強攻外，就外在環境而言，1984年正處於電腦業榮枯之間的分水嶺，這是一個產業從繁榮到衰退的必然週期（註：電腦從1984年後半年漸漸不景氣，1985年衰退，1986年復甦，1987年又大紅大紫），麥金塔於此時誕生顯然有點生不逢時。

1982到84年，個人電腦銷售量增加了三倍多。原本只能容納兩、三家製造商的市場卻吸引三、四十家廠商競相投入，造成市場上供過於求的情形。

此外，IBM爲了激勵經銷商能有好的銷售業績，因而提供經銷商一項「每個月訂購的數量越多，進貨折扣就越大」的數量折扣。爲了爭取多達40％的數量折扣，經銷商紛紛大量訂貨。當然他們無法在一個月內出清存貨，於是偷偷的將賣不掉的電腦，以成本價賣給未經授權的地下經銷商。因此造成了一個龐大、待消化的「黑市」，同時將市場行情攪亂。

更糟糕的是IBM的「降價風暴」。依IBM的慣例，「降價」往往是新產品推出的前兆，這使得原來有意購買電腦的人又觀望起來。他們想要看一看新的機器，比較過後，才會有進一步的購買行動。這反而使整個個人電腦的買氣更加疲軟。相容業者爲了求生存，紛紛削價跟進。在這種「跳樓大拍賣」的情況下，業界間裁員、減產、倒閉之聲連連。

其實，對新科技有興趣的企業、個人，早就購買個人電腦了。他們購入電腦之後，還在「學習、摸索如何使用」的階段。顯然的，要將之消化後，或有新的刺激，另一波的買氣才能出現。

總之，1984年後半年及1985年顯然是電腦業的消化期，由於景氣低迷，連業界龍頭IBM在1985年前三季利潤亦連續下滑。

爲了使電腦發揮最大的效能、企業界希望能將個人電腦和儲存企業所有資料的大型電腦連線起來。可是連接各種大、小電腦的「區域性網路」之標準，卻付之闕如。這亦對個人電腦的進一步運用及市場擴張造成影響。

雖然自80年代初期，許多電腦廠商即開始推廣「區域性網路」，可是那些使用IBM大電腦的企業卻抱著審愼的態度，他們要等到IBM也推出「區域性網路」後，才相信此系統不是個「試驗品」。

由於，IBM遲遲未推出自己的「區域性網路」，使得製造網路設備廠商進退維谷。市場上缺乏一個被廣爲認同的標準，客戶雖然想將自己的電腦連線，但在IBM公開網路系統前又不敢冒然投資，這連帶影響到企業對個人電腦之購買意願。

以往IBM要推出新產品時，競爭者莫不憂心忡忡。可是當IBM終於在1985年10月發表自己的「區域性網路」——“Token-ring”時，業界卻異常興奮的認爲，此一市場將蓬勃興盛起來。就連一向堅持「自己做自己」的蘋果電腦亦採用IBM的通訊協定及指令集，以使麥金塔能在利用IBM通訊標準的辦公室電腦網路下運作。

資訊工業不景氣，亦波及了與電腦業關係密切的半導體工業。1984年間，個人電腦廠商預期1985年市場將大幅成長於是拚命搶購囤積晶片，半導體廠商亦跟著大肆擴充產能。沒想到，個人電腦的快速成長消失，廠商停購晶片，於是半導體廠商增產的晶片滯銷，引發一場削價戰。

由於半導體裝置訂單不振，從1984年11月至1985年春，先後有二十萬名半導體業員工被解僱，四分之一的工廠停工。連一向以不裁員自豪的英特爾也解僱九百名員工，並縮短工時，以出清存貨、減少成本支出。

總之，對整個電腦業界而言，1984年後兩季和1985年前三季，業界裁員、減產、倒閉之聲連連，眞是個「歹年冬」呢。

蘋果電腦內鬥

點子王史提夫出走

1984、1985年的「電腦黑暗期」，整個電腦業積壓貨品的損失高達二十五億元。這對於剛剛投入一億元美元擴充生產的蘋果公司而言，更是在劫難逃。本來預計每月銷八萬至十萬部的，現在竟然銷不到兩萬部，賣不出去的產品，成堆的滯留在蘋果公司。顯然，大家都過分樂觀，對市場需求過分高估。

麥金塔銷售不如預期，使得史提夫、史考利之間的友誼產生了鴻溝。史考利是史提夫三顧茅廬、重金挖角而來的執行總裁，理應總管蘋果公司一切行政業務，並背負著「教導史提夫，使之成長」的責任。

可是，在這個陌生的國度裏，史提夫反而成了史考利的「老師」。史考利被史提夫華麗的言辭、虛浮的目標所迷惑；對史提夫言聽計從，這就是所謂是「鬼迷張天師，有法無處使」吧！

史提夫傾全力發展麥金塔，史考利鼎力支持，兩人共同推銷麥金塔，搞得有聲有色，一時間大有「中興蘋果」之勢，這時兩人的關係水乳交融，被外界形容爲「互相迷戀的一對戀人」。在此期間，史提夫獨厚麥金塔，凡事以該小組優先，引起蘋果二號部門的不滿，許多工程師紛紛離職，伍茲也憤而離開蘋果。

隨著麥金塔初期的成功，史考利將史提夫的職位由副總裁升爲執行副總裁，並將「麗莎」合併至「麥金塔部門」。在麥金塔光環的籠罩下，史提夫照自己的意志干涉其他部門，對公司所有事務極力發言，漸漸的與史考利出現意見不合的情形。

當麥金塔的問題浮現後，史提夫一再的告訴史考利：「軟體問題，馬上就會解決！」但這始終是一句空話。軟體問題無法解決、麥金塔銷路持續低迷，公司面臨虧損，史提夫還想花大錢買下「有潛力的新科技」來進行「手提麥金塔」計畫，繼續做他「改變世界」的大夢。

此外，爲了替「麗莎」電腦找出路，史考利計畫將「麗莎」降至3995美元，以「麥金塔XL」之名重新推出，史提夫卻認爲麗莎是一個蹩腳產品，不配以「麥金塔」爲名，並主張停止麗莎的生產，公司只要有一個傑出的產品就夠了。史考利當然不贊成這種「虎頭蛇尾」影響到公司形象的作爲。雙方種種意見衝突，加上「麥金塔」銷售不振的陰影，史考利開始檢視他與史提夫的關係及公司的前途。

史提夫有洞悉科技趨勢的眼光、說服夥伴朝目標衝刺之能力。可是蘋果的傳奇令他更加自負，IBM PC的壯大令他急躁，其不按牌理出牌、常改變主意、不重視他人感受的個性，往往糟踏其下工程師，令他們不知爲何而戰，甚至萌生去意。

顯然的，史提夫是個能構思新產品的「點子王」，是個能激勵、說服他人的「演說家」，但其領導風格、管理模式，絕非是個能經營好例行業務的行政主管。所以在史考利未加入蘋果前，史提夫一向只負責麥金塔的技術工作，無奈史考利無先見之明，在他的縱容下，史提夫一步一步進逼，取得公司主導權，身爲執行總裁的史考利，反而沒半點實權。他不禁後悔，「讓史提夫取得太大權力，造出一個怪物來」。

爲了重整公司，史考利取得董事會的支持，在1985年6月剝奪了史提夫的經營管理大權，只擁有董事長之職。史考利並改變組織結構，將公司劃分爲作業、行銷暨銷售兩個功能部門，改善以往以產品（麥金塔、蘋果二號）爲導向的部門，並將麥金塔、蘋果二號兩主力產品的生產與行銷合一。

新的作業部門負責蘋果二號和麥金塔個人電腦的製造、經銷及新產品的開發。而「行銷暨銷售」部門負責這些功能的管制，以消除過去兩個產品間的不和、內部爭端和資源不能共享等缺點，冀以降低成本。

史考利「乞丐趕廟公、反客爲主」將引他進公司的史提夫一腳踢開。一向抱著「改變世界」雄心的史提夫豈能甘心臣服，1985年9月他提出辭呈，離開蘋果，並以從蘋果挖角來的五位工程師爲班底，成立NexT電腦公司，矢志要完成他未完成的夢。

1985年底，隨著整個大環境的復甦、桌上排版系統問世，加上應用軟體（如微軟的EXCEL）紛紛問世，蘋果公司獲利漸趨好轉。或許這可歸功於史考利的穩健經營，但令公司財務得以改善的產品，無疑是當年史提夫「一意孤行」將麥金塔與雷射印表機結合的成果。只不過這時史提夫已經離開公司了。

史提夫出走的故事告訴我們，「三年一閏，好壞照輪」，人不可能一輩子倒楣，也不會永遠意氣風發，不論你是何等的英雄，亦是如此，不是嗎？

藍天一點紅

非主流之路

「麥金塔將取代IBM，成爲業界的新標準……」很遺憾的，這句史提夫於麥金塔問世時所發下的豪語，始終沒有實現過。自70年代靠蘋果二號崛起以來，蘋果公司一直在學校與家用市場占有領導地位，並積極的朝企業界市場進軍，而麥金塔腦電腦就是其代表作。

80年代IBM以「開放式架構」爲號召，進軍個人電腦市場。在眾多軟、硬體商的「抬轎」及相容電腦商的推波助瀾下，廣大的使用者造成更大的市場需求，又吸引更多的製造商投入，如此不斷的循環，不斷的擴大市場，以微軟作業系統、英特爾中央處理器爲架構的個人電腦，無疑的成爲市場的主流架構。

主流之爭，勝負既定，自此蘋果公司的勢力範圍就被限定於在學校與家用市場上打轉，始終無法在辦公室建立起形象和聲譽。

有人認爲如果1984年蘋果公司推出麥金塔時效法IBM，亦來個「開放式架構」並將麥金塔「令人驚豔」的作業系統授權給其他的電腦硬體製造商使用，則「麥金塔相容電腦」必也會在各地開枝散葉，並驅動如上述的「成長循環」，那麼「麥金塔成爲業界新標準」的豪語，也許不會成爲空響。

有道是「早知三年事，富貴萬萬年」。不過，這種事後諸葛的後見之明，還是令人對當時蘋果公司「一著輸，全盤嘸」的策略失當，唏噓不已。

一直到今日蘋果仍保有其一貫作風：絕不在藍色巨人的強勢之下，改變自己的方向，並憑著其不斷創新的先進技術與具親和力的使用者介面，在整個個人電腦市場中，以獨樹一幟的風格，維持著10%上下的占有率。在（美國的）教育市場，專業圖形應用、影像處理等領域，蘋果公司更有極高的市場占有率及廣大的使用者。

麥金塔雖然沒有在市場上獲得全面性的勝利，但其人性化的圖形界面，卻對業界帶來深遠的影響。

我們曾提到，1982年史提夫向外借將，尋求微軟的支持，替麥金培設計應用軟體。雖然，微軟在麥金塔上市時，只搞出兩個有瑕疵的軟體，但重要的是微軟從而得到麥金塔使用者介面的詳細資料並累積了開發經驗。

1986年微軟將此概念運用在PC平台上推出著名的"WINDOWS"作業系統。

該系統的出現大幅的加強PC的親和性，將電腦由專業的事務性機器變成人人可輕易使用的消費性產品，使得個人電腦市場得到進一步的擴充。

此外，微軟執意發展“WINDOWS”作業系統，更是其與IBM失和的主因，該軟體亦讓IBM交出業界主導權，爲英特爾乃至康柏、宏碁的竄起，提供了絕佳契機，到底詳情如何，請見下章方知曉。

雖然，蘋果電腦走在非主流之路上，似乎顯得有些孤寂，但在一片藍的個人電腦世界中的紅蘋果，不是爲消費者提供另一種不一樣的選擇，就這點來說，蘋果公司何嘗輸過呢？

第十章 新舊黨爭

上一回我們說到，麥金塔孤臣無力可回天，IBM PC架構依舊是市場標準，自此也注定了蘋果在個人電腦世界裏，藍天一點紅，孤單淒涼的非主流之路。

IBM雖然依舊是這場「主流之爭」的勝利者，然而自1983年起，其設在PC電腦上的「BIOS封印」被破解後，「相容電腦」，尤其是來自亞洲的低價品，於1984年大舉入侵，IBM電腦市場占有率一天一天下滑，卻成了其揮之不去的夢魘。

當IBM對「相容電腦」恨之入骨時，吃IBM奶嘴長大的微軟、英特爾卻快快樂樂從「相容電腦」身上撈了一筆。

由於當初微軟在與IBM談DOS的權利金時，保留了將作業系統賣給如康柏、宏碁等其他個人電腦製造商之權力，所以PC-DOS易名為MS DOS後便可光明正大的賣給「相容電腦」製造商。

此外，雖然IBM擁有英特爾12%股權，業界也傳出IBM遲早會將英特爾全部吃下之論調。但是，剛掙脫美國司法部「反托拉斯法案」調查的IBM，顯然有所顧忌，不願再自找麻煩，惹禍上身。所以在PC架構底下真正受益最大的反而是微軟與英特爾。

為了挽回頹勢，藍色巨人擬定了一個「蜥蜴斷尾」的釜底抽薪之計。由於相容電腦廠商經歷了PC、XT、AT的摸索，漸有成熟的能力，可以很快地跟進IBM的技術。因此，IBM倘若繼續以往的軟硬體架構，推出新電腦，則相容性PC亦會快速跟進，與IBM爭食市場。

所以IBM除了積極開發新架構的硬體規格，並申請專利外，也「瞞」著微軟，替使用286微處理器的AT電腦發展一套獨有的作業系統，以阻絕「相容電腦」製造商的進犯。

如此，「專利權」和「新技術」的保護下，IBM所推出新架構的電腦，當然是「僅此一家，別無分號」。如此，不但可將那些討厭的吸血鬼「趕盡殺絕」，更可一手掌握重要的軟硬體元件，來個「大小通吃」，豈不快哉乎！

當時，微軟正在為DOS發展一個後來稱為「視窗」的圖形使用者界面，微軟的意圖很明顯，想利用DOS加WINDOWS的架構，改變DOS冰冷的環境，繼續延續「舊」作業系統的千秋大業。

微軟的這著棋，顯然和IBM「拋開DOS，另建架構」的計畫相牴觸，雙方衝突就此產生。到底「IBM的計謀」是否會成功？其與微軟的關係要如何來做了結？我們話說從頭，由雙方衝突的引爆點——1983年「圖形介面之爭」說起吧！

圖形介面的競賽

「圖形介面」、「滑鼠裝置」皆源於70年代初期，全錄柏拉圖研究中心的研究員爲了簡化電腦的操作，而發展出第一個整合性視窗功能，但這個理念並未被引進商用市場。直到1983年蘋果公司推出麗莎及其後的麥金塔電腦，才讓一般人了解，「不用記憶指令，以滑鼠、圖示等直覺性的工具就可以操作電腦」的「嶄新」概念。

話說1981年初，史提夫欲向外借將，將麥金塔的「圖形介面」對比爾蓋茲展示，以說服微軟替麥金塔設計應用軟體。蓋茲一看到這麼巧妙的東西，就體會到「圖形介面」將會是日後一般人操作電腦的方式。雙方簽下合約，微軟著手替麥金塔發展應用軟體，並從中獲得圖形環境的知識。

1981年底，比爾蓋茲成立一個小組，爲PC平台上原以文字爲基礎的使用者環境DOS，發展一個後來叫做「視窗」的圖形使用者界面。微軟的意圖很明顯，想利用DOS加WINDOWS的架構，改變DOS冰冷的環境，延續其在作業系統上的霸業。

由於，IBM已經採用微軟的作業系統。因此，比爾蓋茲理所當然的認爲，IBM一定會在PC上再度使用“WINDOWS”，如此一來，既使坐在家裡，躺著睡覺財源都會滾滾來。可惜，往後的發展並非如他所料，因為IBM另有所圖。不過，許多軟體公司也看好此類產品，為了搶得先機，大家不約而同的著手為PC平台發展圖形使用者介面，使得這場「圖形介面」之爭，熱鬧非凡。

在這次的競賽過程中，除了「視窗」外，微軟還必須為AT量身訂做DOS 3.0，且麥金塔應用程式亦緊鑼密鼓的同時開發中。當時，微軟的組織架構、職能劃分並未上軌道。比爾蓋茲身兼數職，除了負責公司營運大方向之外，所有的開發工作也事必躬親，繁重的工作常令他忙的一個頭兩個大。

為了支援某個先上市的軟體，在比爾蓋茲的一聲令下，工程師也常被東調西調，一下支援「DOS專案」，一下又被擺到「麥金塔專案」，搞得大家疲於奔命，反而效果不彰。所以，「視窗」上市日期一延再延，自1983年11月微軟宣布推出，到1985年11月才「如期」上市，成了微軟史上「遲延」最久的產品。

在微軟這「遲延的兩年」中，對手競爭性產品早就「迫不及待」的上市，並對“WINDOWS”符指名叫陣，演出一場「四大門派圍剿微軟」的戲碼。到底“WINDOWS”稱霸這條路，是如何走來，繼續看下去就知道了！

微軟一再延遲新軟體上市
引發四門派圍剿

PC平台上第一個上場的圖形使用者介面當屬「維視恩」(ViSiOn)。這是1983年10月，由維西公司(VisiCorp.)所推出一個和微軟所發展的介面管理者類似的軟體。同時，IBM也宣布要推出自己發展，供DOS使用的圖形使用者介面——"TopView"。

對手來勢洶洶，令比爾蓋茲大爲緊張，雖然「視窗」的發展「八字還沒一撇」，但爲了抑制對手囂張的氣焰，微軟不得不於1983年11月，於紐約的PLAZA大飯店，舉辦一個盛大的產品發表會，向業者宣布微軟的視窗計畫。

「此計畫將賦予PC使用者較爲親切好用的圖形使用者介面，可以更有效率的控制PC……」。微軟希望能夠「先講先贏」，藉此讓消費者產生觀望心理，抑制購買ViSiOn的衝動。

此外，相容電腦及一些獨立的軟體製造商，見IBM也欲發展圖形使用者介面，唯恐IBM壟斷這類軟體發展的標準，在比爾蓋茲的慫恿下，紛紛宣布支持微軟視窗，表示未來將以微軟視窗的標準（程式碼等）爲基礎，來發展圖形介面軟體。當然，這股「反IBM之風」令IBM相當不悅。IBM雖然急的想將微軟甩掉，無奈瞞著微軟所發展的作業系統，卻遇到了瓶頸，看來AT電腦的新作業系統仍需仰仗微軟。

爲了修補與IBM間的裂痕，1983年底比爾蓋茲將「視窗」展示在IBM個人電腦部門負責人艾垂基面前，想要說服IBM支持「視窗」的發展。但是IBM反而軟硬兼施的要求微軟放棄「視窗」的開發，以便雙方全力合作，聯手發展下一代作業系統。比爾蓋茲深信「圖型介面的視窗軟體」將會是未來的主流，不願輕易的放棄視窗的發展，視窗與TopView的矛盾仍無解，雙方關係陷入冰點。

這只是剛開始而已，對微軟而言更壞的消息還在後面。1984年1月，又一個視窗環境軟體推出（註：麥金塔也在該月上市，微軟亦推出麥金塔版的培基語言、試算表軟體）；同時，IBM極力扶植ViSiOn，與維西公司簽訂合約，經銷該軟體。

微軟的視窗當然還不見蹤影，於是業界出現了「氣體」這個名詞，用來形容已經發表但好像只存在大氣層外遲遲不能問世的產品。微軟一再的延遲，不但名譽受損，更引來外界質疑。

1984年微軟的年營業額首次達到一億美元。公司雖然成長快速，但內部組織架構、職能劃分卻未能隨著調整，反而出現如前述混亂的狀況。

爲了消弭亂象，使公司組織更成熟、穩健、有制度，1984

年9月，微軟重新改組，成立作業系統和商業應用系統兩大組織。兩個組織各有專人負責，各擁研發、測試、行銷、服務等技術管理團隊。比爾蓋茲則以執行長之銜主掌公司營運大計和未來產品的發展方向。

IBM雖然扶植ViSiOn，不過ViSiOn只能在硬碟上執行，當時硬碟仍十分昂貴且配置有硬碟的PC仍屬少數。再加上維西公司發生內鬨，爲了軟體所有權工程師互控鬧上法庭等不利因素的影響，其銷售始終平平，成不了大器。IBM見ViSiOn無法成事，於是只得親自粉墨登場，1985年2月，隨著AT上市，ViSiOn亦搭配登場（註：AT採用的作業系統是微軟的DOS 3.0版）。

從TopView看來，IBM顯然忽略了圖形時代的到來。該軟體仍然是傳統的文字介面，不過它將文字分割成好幾個視窗，讓使用者可以在不同的視窗中，同時使用不同的應用軟體。爲了減少電腦複雜程度，讓使用者不必強記DOS指令，TopView亦提供「指令選單」，於螢幕上列出指令，讓使用者選擇。

TopView並非圖形介面，充其量只是「文字介面的視窗軟體」，且其速度很慢，用起來並不順手，又需要大量記憶體，其銷路比起TopView好不到那裏去。IBM招數用盡，似乎對微軟沒有造成什麼嚴重的威脅，而新作業系統的計畫也遇到瓶頸。看來IBM想搞好個人電腦還是得仰仗微軟，現在顯然還不是與微軟「說再見」的好時機。

1985年夏天，IBM與微軟達成協議，雙方共同發展下一代個人電腦新的作業系統。這次的合作和以往微軟必須依照IBM的需要，獨力為其寫軟體的合作模式不同。IBM為了確保可以控制整個程序，並擁有該軟體的所有權，改採由雙方合作，一起寫程式的模式來進行。

一起寫軟體，有如要兩個人合寫一篇文章一樣，如果雙方溝通不良，在彼此思維不同、功力各異的情況下，往往會出現整篇文章風格不一，甚至語意、內容難以連貫的缺點。IBM為了掌握新作業系統的所有權，硬要將兩家南轅北轍，風格思維各異的公司湊成堆……

這個「第二代作業系統聯合開發計畫」是否會成功呢？我們先在此埋下伏筆，其結果容後再表，還是繼續回到「新舊黨爭」吧！

蘋果與微軟的競爭

圖形介面之爭

微軟「視窗之路」的最大挑戰來自數據研究公司。想當年，要不是該公司負責人吉爾多一時大意，白白的將「與IBM共舞」的機會往微軟身上推，如今意氣風發的應該是數據研究公司而不是微軟。

數據研究公司的圖形介面與麥金塔十分相似，效能也不錯，一上市後即大受好評、持續熱賣。反觀，微軟的視窗仍高掛免戰牌，又宣布延遲一季交貨，這令許多原本支持視窗軟體商久等不耐紛紛「帶槍投靠」，倒向數據研究公司陣營。

除了微軟之外，數據研究公司圖形介面的初步成功，對蘋果公司更造成了如芒刺在背的威脅。因爲，這將影響到麥金塔電腦的「圖型介面」這個獨一無二的賣點。如果讓數據研究的圖形介面持續坐大，對麥金塔電腦正低靡的銷路，不啻是雪上加霜。

所以，不待微軟出手，蘋果公司就以數據研究的圖形介面和麥金塔太相似爲理由，欲對該公司提出告訴，這使得數據研究公司不得不將其圖形介面重新改寫，其建立起的聲勢不免爲之中斷。不過，後來數據研究公司花錢和蘋果公司和解並取得授權。看來，這一切好像上天注定，又讓微軟得到便宜。

可是，依理照推，倘若微軟的視窗上市，難保蘋果的「專利之刀」不會砍向微軟。1985年9月，微軟所開發用於麥金塔平台的Excel試算表正式上市，由於該試算表功能十分強大，配合著由雷射印表機、麥金塔所組成的桌上排版系統，讓企業界終於找到買麥金塔的理由，大幅提升該機器的銷售量。

Excel讓飽受「缺乏軟體」之苦的麥金塔稍解燃眉之急。微軟一向是蘋果重要的軟體供應商，Excel的成功，更強化了其不可取代的地位。

數據研究公司的前車之鑑，讓微軟不得不小心行事，1985年底在視窗推出之前，比爾蓋茲走了一趟蘋果公司拜訪史考利。比爾蓋茲希望能將蘋果公司的圖形環境設計技術用於視窗上。蘋果公司當然極力維護公司的技術資產，不願看到枯躁的DOS世界冒出親善的圖形介面，削弱麥金塔的競爭力。

然而，形勢比人強，蘋果公司衡量當時的處境，實在無法與自己最重要的軟體供應商絕裂。在比爾蓋茲不斷的遊說之下，雙方於1985年11月簽下技術授權協定，蘋果允許微軟使用該公司的若干技術，微軟則承諾在軟體方面全力支援麥金塔。看來，至此一切準備就緒，就待主角“WINDOWS”的粉墨登場！

視窗軟體出師不利

1985年11月，微軟宣布推出視窗後的第二年，該產品終於正式上市了。或許你會認為這個蘊釀許久「千呼萬喚始出來」，到現在「無人不知，無人不曉」的殺手級軟體"WINDOWS"，問世之初的銷路，必是如猛虎出閘、勢不可擋。

其實不然，就當時電腦普遍搭配單色螢幕，三、四百KB記憶體，沒有硬碟的配備來講，並無福消受WINDOWS這類軟體。

若勉強將視窗用於當時的電腦上，因速度慢，使用起來相當笨拙。在單色、低解析度螢幕上所顯示出的圖像效果亦模糊不佳。總之，要執行視窗這種對電腦而言複雜，對人們而言簡單的軟體，需要更快的微處理器、更多的記憶體，以當時的硬體標準來看，顯然還不具備推廣視窗的條件。

就軟體方面來講，由於視窗姍姍來遲，部分原先同意支持視窗的軟體廠商，紛紛琵琶別抱轉向其他陣營。再加上微軟未能提供適當的軟體開發工具，令其他軟體公司不願意為視窗寫程式，市面上可供視窗使用的應用程式寥寥無幾，其銷售當然不甚理想。

想不到，期待已久的視窗軟體居然落得曲高和寡的下場，或許眞的是時不我予，使得每位先知注定要走過一段孤寂的歲月。

不過，對微軟而言，視窗問世的同時（1985年11月），英特爾推出的386微處理器正是解套當前硬體效能不佳的利器，微軟深信效能強大的386電腦將會提供視窗一個展現威力的舞台。

因此，微軟除了改善視窗的瑕疵，並努力的將Excel、Word等軟體修改、移植成視窗軟體外，似乎只能靜待386電腦的問世，爲蟄伏待起的視窗創造更佳的外在環境。除了視窗的出師不利之外，微軟尙有一個頭痛的問題——與IBM合作開發的新作業系統，亦進行得不順利。

第二代作業系統

前面我們提過，IBM爲了掌握新作業系統的所有權，硬要與微軟合作搞個「第二代作業系統聯合開發計畫」，計畫開始後水土不服的情況果然漸漸浮現。

IBM開發第二代作業系統（OS／2）的目的是，爲286微處理器開發一個能夠橫跨大型主機系統、中型電腦以及個人電腦系統的應用架構。其實，這種「大小串連」的構想不但是企業界使用者殷殷盼望，此舉更可將IBM在大型主機上的優勢擴展至個人電腦上，挽回漸被蠶食的市場。

無奈，IBM「個人電腦發展部門」被拉回官僚體系後，「大電腦情結」、「中英運算」的想法，又死灰復燃，導致個人電腦發展被抑制，僅被定位成連接大型電腦的終端機角色，將原本的絕妙好計給糟蹋了。IBM和以微電腦起家，素有「解放電腦」之志、精通「分散運算」的微軟公司相較，在基本思維上就存在著南轅北轍的差異。

況且，微軟仍不死心的推動DOS之上的圖形介面——視窗。兩種作業系統擁有相同的客戶，不禁令IBM懷疑，微軟想利用DOS加WINDOWS之架構與第二代作業系統對抗，延續其在作業系統上的霸業。

其實，IBM也與其他軟體公司眉來眼去，一下子加入「開放軟體基金會」，想搞一種名為“UNIX”的作業系統。一下子又與史提夫的NexT公司合作，想在PC平台上，推廣該公司的作業系統，這令微軟懷疑IBM到底是存何居心?!

看來，這次的合作雙方都各有打算，就微軟而言，「第二代作業系統」是否會成功尚不可知，何必急於放棄可一手掌握的「第一代市場」呢？

IBM這等老江湖又豈會將「所有雞蛋放在同一個籃子」，去培養一個難於控制的對手。所以，IBM不時與其他軟體公司眉來眼去，或虛張聲勢喊一喊，來牽制微軟這小毛頭。

IBM、微軟在大方向上就心結難解、共識薄弱，實際的開發作業當然更是問題重重、窒礙難行。如同以往，IBM在發展個人電腦所遇到的問題——整個系統的開發不時遭遇來自各部門因利益相互衝突，而妥協之後的結果，許多創意、效能就注定被犧牲的命運。

IBM派了太多（近千名）工程師參與計畫，他們在彼此溝通的時間多於實際工作，若加上位於西雅圖的微軟，整個開發團隊分散在千里之遙的兩大洲、四個不同的地點，使得協調工作極為困難。更不用說兩家公司原本就南轅北轍的風格和各懷鬼胎的盤算，不免令人質疑此次合作能否激盪出亮麗的火花?!或許就是這樣，微軟才不得不持續的推廣視窗吧！

爲何發展OS／2？

官方說法

以8086爲架構發展的DOS基本上不具多工處理與虛擬記憶體管理功能，所以無法充分發揮286微處理器的能力。

AT電腦亦可搭配一個基於286微處理器所發展的“XENIX”作業系統。XENIX可提供多人多工能力並可突破DOS必須受限於640KB主記憶體的限制，可控制高達16MB的記憶體，但其價格較高，和DOS不相容，導致其使用不普遍，使用者多局限於特殊應用的範圍，與DOS市場形成明顯的區別。

爲了充分發揮80286的多工特性與記憶體保護功能，提供PC一個功能更強、更穩定也更好操作的環境·給應用程式更好的發展空間，並仍可使用數量龐大的MS-DOS應用程式。IBM與微軟兩大公司攜手合作，共同開發下一代個人電腦作業系統——Operating System／2（簡稱OS／2）。

其實，386微處理器除了速度以外，最大的威力在於它能眞正進行多工的功能。

雖然286微處理器能進行多工，但是執行效率並不理想，其間差別的主要原因在於386微處理器內部即已設計了虛擬

8086模式，因此只要以軟體啓動386這部分的功能，80386就以硬體內部的能力建立一部虛擬8086電腦，在這部虛擬的電腦上可以執行一份應用軟體。

這和286微處理器由軟體模擬爲主，結合286記憶體管理能力，產生類似多工的作業方式，效能當然不可相提並論。

也就是說，386微處理器本身就具有模擬8086微處理機的功能，多工管理軟體只需要控制各虛擬8086電腦的切換，而不需要指揮微處理器模擬虛擬的作業模式，所以多工作業的穩定性及有效性都遠超過80286。

說了一大堆雜七雜八的東西，其實，只想要告訴你的是，比起286微處理器，386微處理器性能更強悍，更易於執行多工的功能。所以，微軟認爲將OS／2裝在286晶片上，會拖垮其效率，最好將之裝在386上才能眞正的發揮OS／2的功能。

IBM畏懼386個人電腦功能太強將會危及其中、小型主機業務，爲了自身利益，不惜想「一手遮天」，在286上疊床架屋，抑制個人電腦發展，而不採納微軟的「建議」。或許做生意就是這樣，嘴巴上言必稱「以顧客利益爲依歸」，但實際上仍是以營業利益爲導向……

386個人電腦遲未推出
IBM從中阻撓

微軟在推動視窗這條路上，一直希望再次得到IBM的支持。雖然IBM之前曾經對視窗大肆打壓，但在雙方開始了OS／2的合作計畫後，微軟仍不放棄的想說服IBM，將視窗做爲OS／2的圖形介面。

不過，以當時雙方關係的惡劣程度來看，微軟想要IBM支持視窗，似乎是緣木求魚，是不太可能的事。

爲了展現誠意，減少IBM的顧慮，微軟甚至「割地求和」向IBM提出「……以低價買進微軟30％股權……」的建議；如此，IBM就可以不必害怕微軟對其有貳心。無奈IBM拒絕這提議，仍執意要自行爲OS／2發展圖形介面。

1986年春天，比爾蓋茲仍不死心的與IBM力爭。他強調，WINDOWS比IBM的產品領先，已經問世將近兩年。IBM則說，微軟沒有經驗，不懂電腦之間複雜的通訊。比爾蓋茲不甘示弱的反駁，微軟比IBM更了解個人電腦。

經過一陣激辯，IBM勉強同意，微軟和IBM公司的工程師一起修改WINDOWS，以符合IBM的要求。IBM視修改結果再決定是否銷售。這次的合作，誕生了OS／2上的圖形使用者介面——簡報管理者。這軟體在OS／2的角色與DOS上的視窗相當。

此時，微軟所期待能展現視窗威力的386電腦，卻仍遲遲未見蹤影。這令人相當納悶。386微處理器亦問世了將近兩年。照例，IBM早該推出386電腦，引領業界進入386時代，然而IBM 386電腦卻遲遲不推出，當然令人覺得奇怪。

以「摩爾定律」來推論，386電腦早該問世了！摩爾定律指出，「……每隔十八個月，晶片上電晶體的數量就會增加一倍，性能也提升一倍……」，印證於個人電腦產業的發展，「摩爾定律」是無庸置疑的。

1981年8月，搭配著英特爾8086微處理器、微軟作業系統的PC上市，開啓了IBM踏入個人電腦的第一頁。一年半後，1983年2月，IBM推出運算速度更快、記憶容量更大，並裝有硬碟的PC-XT。

1983年8個月IBM推出了眞正第二代PC——AT電腦，搭配著286微處理器、微軟DOS 3.0作業系統的286電腦，性能是XT的五倍。

從1981到1984年，英特爾利用優勢的技術，貫徹摩爾定律，發展出兩個世代微處理器。IBM藉之創立了今日個人電腦標準，並讓企業界認眞創造「眞正的」個人電腦工業。

又過了一年半，到1986年，英特爾將內含二十七萬五千顆電晶體的32位元微處理器——386捧在IBM面前時，IBM卻「視若無睹」，無意發展386電腦。

原來，32位元的386微處理器，功能強大，搭配著386微處理器的個人電腦，性能與小型主機已差不多。IBM一方面懼怕，若推出386個人電腦將危及中、小型主機業務。另一方面，IBM阻絕「相容電腦」進犯的新架構亦未發展完成，是故遲遲不肯推出386電腦。

藍色巨人認為，自己是「標準」的創造者，個人電腦世界的領航者，若自己不昭告386時代來臨，就無人敢越雷池一步，個人電腦的世界將持續停留在286時代。

你同意個人電腦的世界隨著IBM停格在286時代嗎？

聯手反擊藍色巨人

286與386之爭

IBM想要個人電腦的世界停格在286，你同意嗎？

幫IBM打天下的英特爾、微軟都不贊成這種作法。微軟是個人電腦旗幟鮮明的支持者，當然不同意IBM這種抑制個人電腦發展的舉動。況且，微軟的視窗軟體正期待著386電腦的幫襯呢！

對英特爾而言，問世已經一年多的386微處理器，在IBM的刻意「封殺」下，始終未能在市場上積極推廣，令其大爲不滿，因爲386微處理器的市場前景，正攸關著英特爾「撤出記憶體市場，全力朝微處理器進軍」的策略轉型能否成功之關鍵！

話說1985年11月，英特爾推出386微處理器，並向外界宣布，自此退出已遭日本攻陷的記憶體市場，全力朝微處理器市場進軍。但是，此時英特爾賴以爲生的286微處理器，卻又遭逢強大的競爭壓力。

除了「第二貨源」與之競爭外，日本NEC亦抄襲286內部電路，製造V系列微處理器，搶占市場。在激烈的競爭下，286微處理器利潤大降，不若以往；而問世已經一年多的386微處理器，又被IBM「冰凍」著，看來英特爾的前程眞是滿布荆棘，正處於策略轉型陣痛期。

在上述「無路可退」的情形下，英特爾當然希望有電腦廠商及早推出386電腦，讓微處理器市場能儘快轉向技術獨占、沒有競爭者的386領域，好脫離286微處理器令人窒息的殺伐中。

相容電腦廠商亦不贊成「停格286」。他們早有耳聞，IBM欲發展新架構以「專利權」、「新技術」來阻斷相容電腦廠商的生路，才會停滯在286的時代，他們豈願坐以待斃。

這些廠商盤算著，何必跟著IBM的新架構起舞，費盡力氣找尋其相容之法。反正舊架構的市場規模已經形成，不如繼續奉遵舊架構標準早日推出386電腦，以強化舊架構的市場規模。那麼在「生米煮成熟飯」、「西瓜偎大邊」的效應下，縱使IBM的新架構再如何神通廣大，也獨木難支，不易成爲主流。

所以，世界並沒有因爲IBM的遲疑而停滯下來。微軟、英特爾、相容電腦廠商三股力量匯集在一起，對藍色巨人投下了「不信任」票，一場「286 VS. 386」的戰爭方爲展開。

1986年9月，在英特爾的技術支援下，康柏率先推出以386相容（即AT）個人電腦。10月宏碁亦開發出全世界第二台386電腦，打破了業界長久以來對IBM亦步亦趨的傳統。

微軟亦替386電腦背書，與康柏共同開發專爲386微處理器設計的第二版視窗，並於10月30上市，隨同上市的還有視窗版的應用軟體Excel。

功能強大的386電腦，搭配視窗2.0、Excel試算表恰如紅花綠葉，相互支撐，爲PC平台提供了一個類似麥金塔的親善介面，大大了增強「反IBM」陣營的氣勢（註：不過有些使用者仍認爲視窗還是過於緩慢，而微軟亦繼續改良，計畫將其執行速度再提升一倍）。

此時，大家在談論個人電腦時，漸漸的開始用英特爾微處理器的型號如286電腦、386電腦稱之，不像以往總是以IBM、康柏等系統廠商之名稱之。看來，誰是眞正的標準制定者，似乎慢慢的浮現。

1987年，IBM跨入個人電腦界的第五年，昔日的光環似乎逐日消逝；在亞洲低廉「相容電腦」的蠶食下，市場占有率跌入了谷底。1986年9月，康柏率先推出的386個人電腦，無疑是狠狠的打了IBM一記耳光，令人對IBM在個人電腦產業的領袖地位產生懷疑。

IBM PC兵敗如山倒的趨勢，令決策當局坐立難安。PC之所以成爲「市場標準」，其實就是靠散布世界各地的相容廠商把它「拱」起來的；然而現在，相容PC喧賓奪主，IBM PC的銷售量江河日下，逼得IBM不得不面對現實，苦思對策。

1987年底，IBM又將其系列產品降價，使得市場競爭更形慘烈。業者間也盛傳IBM的新機型即將推出，欲對相容PC展開反擊，市場上充滿一股肅殺之氣。

的確，孰可忍，孰不可忍？藍色巨人即將展開反擊。

相容電腦殺手
——PS／2

1987年4月，IBM一口氣發表了四組二號個人系統（Personal System 2）簡稱PS／2的新電腦。

一組採用8088 CPU（微處理器），是取代基本型PC的入門機型。兩組採用286 CPU的機種，則是用來取代PC-AT的主力機種。看來IBM仍執迷不悟試圖想將整個產業拉回286的領域，他們也不得不朝市場上漸成氣候的386電腦開火。PS／2電腦也有一款採用386 CPU的機型，不過要等到7月方正式上市（註：此機型落後康柏的386 PC將近一年）。

PS／2的特性一方面著重在與大型主機的連結，一方面則強調資料數據的齊一性。所以PS／2雖然亦採用8088、286微處理器，但其他的硬體架構卻與PC、AT截然不同。

從外觀之，PS／2滑鼠的圓型接頭就不同於AT滑鼠的方型接頭，PS／2內部附加卡的插槽亦有類似情形，所以許多「舊有」的鍵盤、滑鼠等周邊設備都無法「插進」PS／2個人電腦。

IBM宣稱這樣做的目地是爲了增快匯流排的速度。匯流排是微處理器傳送資料的通道，資料從一個地方（如CPU），傳到其他需要資訊如記憶體等地方，都要經由匯流排傳送。IBM新的匯流排名爲「微通匯流排」，將原有八、十六條的資料通道增爲十六、三十二條的通道。通道變得較寬廣，資料的傳送速度和傳送量都大爲增強（註：十六或三十二條車道，當然比八或十六條車道來得寬。AT匯流排資料傳送速度每秒八個百萬字元，資料寬度八、十六條。微通道匯流排資料傳送速度每秒二十個百萬字元，資料寬度十六、三十二條）。

其實隨著CPU效能的提升，其處理資料的速度和數量亦隨之增進。爲了使周邊設備能跟上CPU的速度，更寬的資料傳送通道確實有其必要。不過，當時如視窗這類要處理大量圖形資料的軟體尚未普及，顧客可能還不需要用到比較快的匯流排，以當時的軟體環境來說，連AT匯流排就離滿載使用還很遠。況且，IBM最先推出的微通匯流排與舊有的匯流排的速度並沒有差多少，消費者並無法從更快速的潛能中受益。

或者說，IBM選擇消費者不易感受到的匯流排做爲消滅相容電腦的策略基礎，實在很難令消費者感受到PS／2和舊機器有什麼「驚天動地」的不同，他們只知道，微通道反而令舊有的投資都成了廢物——這才眞讓人無法接受。

二號個人電腦系統原先預定搭配的OS／2系統，由於開發進度落後，在它未眞正完成之前，微軟將原來的DOS加上圖形能力與大型主機通訊的能力後，推出DOS 3.3爲OS／2代打。

其實，IBM推出PS／2，無非是爲了阻絕「相容電腦」的進犯。PS／2強調各型主機間相互的連結，透過OS／2作業系統，可和IBM的大小型主機構成「系統運用結構」，此舉將使相容品製造商在一段時間之後，被自然的阻絕於外。

此外，IBM亦申請了大批硬體專利，任何人想模仿，都得花上長時間去研究並且要先做好打官司的準備。說明白一點，IBM就是要藉PS／2，將製造「相容電腦」的廠商趕盡殺絕。

當年IBM爲了及早推出PC時，其內部零組件只有20%是自己設計製造的，其餘80％都是自現有的商品市場購買的，所以易於模仿，造成相容PC的泛濫。此外，從PC、XT到AT延伸下來，許多相容性PC廠商都有成熟的能力，可以很快地跟進IBM的技術，因此，IBM如果繼續以往相同的產品政策，則它在PC市場上的優勢將更形瓦解。

被喻爲「相容電腦殺手」的PS／2，不但結構與「第一代PC」不同，自製率更高達60％～70％，從晶片到磁碟機都是IBM自製的。面對殘酷的市場競爭，這似乎是IBM不得不爲的結果。

雖說，相容個人電腦皆是「源自」IBM，藍色巨人也的確是舊標準的創造者。規則確立後，便驅動正面循環，使市場急遽擴大，於是此標準已成任何人都無法改變的標準。

如今，舊標準的創造者IBM，試圖「逆天而行」製定不相容於舊標準的新標準，會成功嗎？

PS／2 鎩羽而歸

PS／2、OS／2這兩個「第二代」產品由IBM所推動，因此當時所有的市場分析都看好其將取代AT匯流排的硬體架構及DOS作業系統，成爲市場新標準。

IBM於1987年4月推出了PS／2時，就宣布其專屬作業系統OS／2於年底方能出貨。缺少作業系統（軟體）的電腦不過是一堆廢鐵，雖然有DOS 3.0代打，不過許多IBM所宣稱的強大功能，仍無法展現，令PS／2電腦空有「相容電腦殺手」之名，卻無法眞正展現其「殺手」之威。

1987年12月4日，被寄與厚望的OS／2終於正式交貨。不過，由於第一版的OS／2功能尙未發展齊全，圖形介面、資料庫、通訊等功能，皆付之闕如，功能沒有IBM原本宣稱的強大。所以，OS／2仍未如預期中帶動PS／2買氣之結果（註：OS／2雖是微軟與IBM合作的結晶，不過如同前述原則，OS／2的開發自然是好事多磨，遲遲未能有成果。最後，微軟甚至中途「落跑」，讓IBM獨自奮鬥）。

此外，IBM顯然並沒有從微軟身上學到「低價搶進、擴大市場占有率、驅動正面循環」之軟體行銷策略。OS／2售價達三百美元是DOS的三倍之多，昂貴的售價令許多潛在消費者望而卻步。

80年代末期，「記憶體短缺風暴」亦是OS／2出師不利的原因之一。美國政府為了扶植國內奄奄一息的半導體工業，於1988年與日本政府簽定「美日半導體協定」限定了記憶晶片輸美數量。

無奈此時，美國記憶體製造商不堪日貨的「傾銷」，早就倒了好幾家。全世界記憶晶片每月的需求量在一億片左右，但美國廠商所能供應的僅有十分之一。在供不應求的情況下其價格連番上漲，這連帶使得對「記憶體」需求量甚大的OS／2作業系統，推廣更加不易。

基於上述理由，使得市場上缺乏推動OS／2發展的應用軟體，造成OS／2陷入停滯狀態，而無法驅動PS／2的正面循環。總計，至1988年第三季，PS／2累積銷售量雖達三百萬套，但仍無法讓IBM個人電腦的市場占有率止跌回升。

的確，基於投資成本和效益的考量，多數的個人電腦使用者不可能輕易的放棄過去巨額的投資，轉而擁抱PS／2。何況，PS／2尚無充分的應用軟體支援，無法發揚IBM所宣示的優異性能。

PS／2出師不利，不過「二代機」可是IBM「嘔心瀝血」之作，在藍色巨人的撐腰下，這場「286與386」、「新和舊」的爭鬥最終勝負仍屬未定之數！

混亂的年代
——三國鼎立

至1988年初，IBM「第二代」產品推出將近一年的時間卻仍未成氣候，無法達成讓IBM個人電腦的市場占有率止跌回升的任務。反觀，第一代作業系統DOS卻仍炙手可熱，持續大賣。

而效能強大的386電腦，搭配視窗2.0、Excel試算表大大的助長WINDOWS的銷路，視窗總銷售量已達百萬套，漸漸嶄露頭角。許多專爲麥金塔開發軟體的公司也紛紛跨足視窗領域，提供視窗使用的應用軟體。這使得DOS「母憑子貴」，銷售量更勝於OS／2。IBM要養豬（OS／2），豬沒養肥，卻把狗（DOS）給養肥了，令其面子頗掛不住。

就在WINDOWS苦盡甘來，正待破繭而出之際，蘋果公司驚覺到，若放任此局勢繼續發展下去，麥金塔的優勢將消失殆盡。於是蘋果磨刀霍霍將「專利之刀」指向微軟。1988年3月，蘋果故技重施，以WINDOWS的「外觀和感覺」與麥金塔太相似，對微軟提出告訴，這似乎又讓視窗的前途蒙上一層陰影（註：此時全錄公司亦控告蘋果的麥金塔介面侵犯其著作權）。

第二代產品銷售未如預期，IBM不得不放低姿態，將PS／2產品對外授權。1988年4月，戴爾電腦在付給IBM高額的權利金後，率先推出與PS／2相容的個人電腦。但是在市場的反應卻極為冷淡，多家廠商因此將相同的計畫延後推出。

這對傳統電腦業者，不啻是一劑強心針，同時也是對IBM展開反擊的最好時機。1988年9月康柏在NEC、愛普生、增你智等八家相容電腦大廠的支持下，成立了「個人電腦產業聯盟」，推出以傳統個人電腦相容為基礎的增強型通道結構"EISA"，來對抗PS／2微通道結構。

EISA標榜著「微通道匯流排可以做的，我們都能做，而且做的更好」所以新匯流排不但有許多微通道的功能，但最重要的是，它和原來AT匯流排相容，讓大家可以繼續使用舊有的電路板。

在同仇敵愾，畏懼IBM「大小通吃」的氣氛下，EISA獲熱烈回響。成立當天，就有六十餘家個人電腦廠商加入，台灣的宏碁、旭青等也給予聲援，可謂聲勢浩大引人注目。

令人驚訝的是，IBM公司卻在這時推出了一套使用原有PC-AT系統結構的PS／2機器，而引來各種揣測。有人將此解讀為這是IBM「回歸」傳統PC陣營的一項試探行動。其實在這混亂的局面中，大部分的廠商是「腳踏兩條船，兩邊下注」，「叛徒」老大康柏還不是也取得IBM授權欲朝PS／2領域邁進。畢竟，誰也不確知，那一個標準會真正成為標準！

不管新舊之爭的結果如何，最終得利的似乎又是英特爾及微軟。不過這只架構在X86微處理器與DOS作業系統的匯流排難道在擊敗蘋果電腦之後已然是天下無敵，無人敢再奪其鋒了嗎？

其實不然，縱使英特爾、微軟再強、氣勢再旺，每年一、兩千萬顆微處理器的市場規模，仍讓人垂涎不已。80年代末期，高性能桌上型電腦（即工作站）的製造廠商，挾著優勢技術，欲向下入侵個人電腦市場，並對英特爾陣營提出「X86微處理器夠強嗎？」的質疑。

工作站的龍頭昇陽公司首先發難，以其工作站的"SPARC"微處理器和工作站領域的標準作業系統——"UNIX"，向"X86＋DOS"的架構提出挑戰！

第十一章 精簡追緝令

英特爾微處理器落伍了？

昇陽微電腦（Sun）以搭載「精簡指令集」微處理器的「工作站」，強力追緝「英特爾」架構個人電腦。英特爾真的落伍了？太陽會東昇嗎？

來自工作站的挑戰

「精簡指令集」的微處理器誕生

工作站的龍頭昇陽公司，挾著優勢技術，欲向下入侵個人電腦市場，對英特爾陣營提出「X86微處理器夠強嗎？」的質疑。

到底什麼是「工作站」？「工作站」是如何冒出頭的?!

電腦業的改變，都是由於電腦的價格遽降所造成的。自1960年代末，微處理器發明以來，晶片中每單位處理能力的價格，大約每18個月下降50％。

微處理器、記憶體的成本不斷下降，使得桌上型電腦效能不斷增進，再加上激烈的價格戰，桌上型電腦銷路更加蓬勃。

80年代初期，位於美國西岸的ApolIo、東岸的昇陽公司分別以「精簡指令集」技術爲核心利用高性能微處理器，推出高級桌上型電腦──工作站，來滿足科學家、專業工程人士的需求。

自80年代末，昇陽、惠普（HP）（併購ApolIo）、IBM、DEC、MIPS紛紛推出速度驚人的工作站。這些工作站具有部分昔日需由大型電腦、中型電腦或迷你電腦才能處理的工作能力。昇陽公司於80年代首先應用成熟的網路技術，將這群超級個人電腦連接起來，分工合作，來處理資料庫及相當複雜的工作，並且使全公司或全部門的資訊均可以到處流通。這就是有名的主從架構，也是分散式的電算架構。

主從架構的電腦網路提供令人難以抗拒的價格優勢，帶給大型電腦莫大的威脅。此外隨著工作站市場競爭愈形激烈，其價格大幅滑落，低於五千美元的工作站紛紛出現，有些甚至比低階的486 PC價格還低。

這使得靠PC的成功而魚躍龍門的英特爾公司備感壓力，因而更積極的將龐大的利潤投入研發中，486晶片、586晶片、雙速度晶片，以及PC匯流排的改進，都在提升PC電腦的效能，以和「精簡指令集」工作站競爭。

個人電腦之風行源於個人作業的自動化，它提供一些基本文字處理的能力，將使用者從大型主機、迷你電腦環境中無智慧的終端機拉出，使其可以獨立使用個人電腦協助工作。

工作站的出現則是因爲傳統上建築、工程、營造等的作業，皆必須仰賴大型主機完成。普通PC的效能無法滿足工程人員的需求，迷你電腦價格卻又過高。1981及1982年美國西岸的ApoIIo、東岸的昇陽分別利用高性能微處理器，推出一般用途工作站來塡補這兩級電腦間的空隙。

不妨想一想，如果您是專業的工程人員，會需要具備什麼特性的個人電腦呢？

工程人員使用電腦，往往是用來執行電腦輔助設計和電腦輔助製造（CAD／CAM）軟體，在螢幕上模擬產品影像，不必大費周章的製造原型。所以，工作站它具有比個人電腦快的微處理器，大的記憶體和螢幕，以產生精緻、可移動，可從各種角度觀之的模擬影像。

各種專業工程，往往是龐大、複雜、需要團隊分工方能完成。例如一個建築專案，必須有地質調查、設計師、工程師和記錄管理等團隊。所以，如果有能簡便、共享的電腦化資料，可以大幅提升工作群組的效率。工作站因而具有強大的「網路功能」，以利各團隊彼此相互的連接。

龐大複雜的作業也使工作站必須具備多重視窗同步執行許多不同的指令處理之能力。例如，使用者可以在一個視窗執行產品結構分析，同時在另一視窗畫出模擬圖形，然後到另一視窗執行成本預估，這些工作可以並行處理，不需退出任何執行中的工作。如此，整個產品方能儘快完成，取得市場先機。

強大的效能得用白花花的銀子來堆積，工作站平均一萬五千美元的價位，的確也不是一般個人電腦三、四千美元所能望及的。所以，工作站是一個具有多工、視窗、網路等特性，專爲工程師、科學家而設計的高效能個人電腦。

爲了提升效能，工作站的微處理器多採用新發展的「精簡指令集」技術。與之相對的則是英特爾等傳統「複雜指令集」的微處理器。

「精簡指令集」的構想就是：化繁爲簡，消除不必要的指令。傳統的微處理器，裏面存有各種指令，以應付各種狀況。如此也造成了微處理器內指令集多而雜的肥腫情況，許多極少用到的指令也被「塞」進裏面。「精簡指令集」微處理器，捨棄了最少使用到的指令，不僅它的速度可以加快，在設計、製造上也更容易，有助於成本的降低。

例如，一個“3×5”的運算，傳統微處理器藉由其內容特殊的指令，在一個步驟下完成此運算。精簡指令集微處理器，則是將“5”加“3”次，雖然其計算的步驟較多，但因爲每個步驟幾乎是同時執行，因此速度也會更快。

「精簡指令集」的技術構想，其實在70年代就被提出，然而由於無法與傳統微處理器（電腦）相容，無法執行以前的軟體，所以始終無法順利的推展。

不過隨著一個可以很容易被「轉移」到各種不同電腦（微處理器）上的作業系統——UNIX開始廣泛的被使用，終於爲「精簡指令集微處理器」提供一個有利的環境，並且成爲那些失意於「複雜指令集」市場的眾家微處理器製造商，對付英特爾的最佳武器。

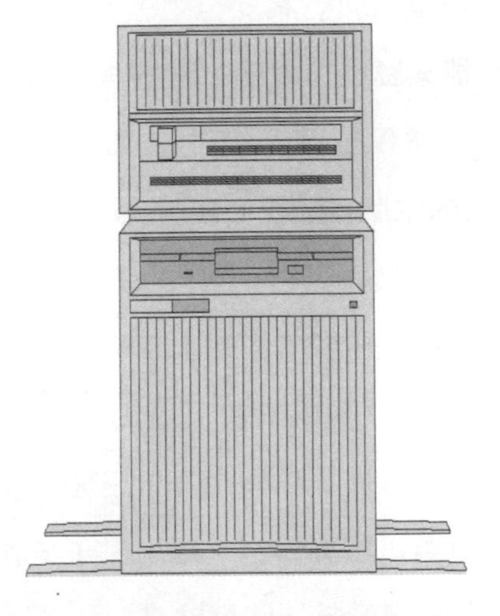

典型的工作站是長方型的造型！

UNIX作業系統

UNIX是一開放式系統，所謂「開放式系統」是指使用者應用介面與硬體平台完全獨立，不受硬體的限制。換言之，在UNIX上所發展的應用軟體非常容易地移植到其他機器上，不受機器的影響。

另外，其利用「分時技術」來設計作業系統，使得UNIX系統能同時服務許多使用者，而且做許多不同的事情，達到多人多工的特性。因爲系統同時支援多人使用，所以相對的系統安全性與檔案安全性就非常地重要，UNIX系統，利用密碼與檔案屬性來處理，對安全性有完善的策略。此外，供不同系統做遠程檔案共享的工業標準——網路檔案系統，也是許多UNIX版本的核心部分。

UNIX具有工作站所需多工、視窗、網路等特性，所以被廣泛的用於工作站上，甚至成爲工作站的「標準」作業系統。

就UNIX的發展歷史觀之，其自1969年在美國貝爾電話實驗室發展出雛型至今，已歷經二十餘年。話說1965年，美國的貝爾電話實驗室、通用電子公司及麻省理工學院共同參與一個新作業系統的開發計畫。

這個計畫的構想就是要發展出一具有多工、可連結網路等能力的作業系統。至70年代初期UNIX慢慢地在貝爾實驗室內部蔓延開來。

當時的貝爾實驗室實際上是掌控在美國電信電話公司（AT&T）及其子公司西方電器公司的手上。實驗室主要是負責研究改進西方電器公司製造和美國電信電話公司在貝爾系統中使用的電信設備。AT&T受制於反托拉斯法，因此不能從事電腦方面的銷售，所以當時貝爾實驗室內部對於UNIX的發展並不是相當在意也無意推廣。不過爲了應付實驗室內各部門對於UNIX使用的技術支援與需求，還是成立了UNIX System Group（簡稱USG），以提供技術上的支援。

1975年UNIX第六版問世，其提供的強大功能更勝過昂貴大電腦的作業系統，其最大特點是以高階語言寫成，僅需要做少部分程式的修改便可移植到不同的電腦平台上（即具備可攜性的特點）。

UNIX第六版並附有完整的程式原始碼，在1976年正式從貝爾實驗室內部傳播到各大學及研究機構，由於這是個是很優秀的作業系統，強大的功能頗符合科學家和工程師等高階使用者的需求，加上其具可攜性之特點，也漸漸被移植改裝到各型電腦上，成爲商品市場要角。

不過，每一家銷售以UNIX作業系統爲基礎的電腦廠商，都會製造出自己獨有的UNIX作業系統，因此，寫給昇陽版

UNIX作業系統使用的應用軟體，不能在迪吉多工作站或惠普迷你電腦上執行。雖然這些硬體名義上都是運用同樣的UNIX作業系統。

也就是說，UNIX作業系統的世界不像PC世界，被統一於「相同」的作業系統DOS下。在DOS的世界裏，各種軟體可以由某一品牌（如IBM）的PC上，移轉到另一品牌（如康柏）的PC平台上，其使用操作的方式不會因工作平台不同而不同，這使得廠商可以將研發方向集中在單一標準上，獲取最大的投資報酬。而消費者也可自由選擇最優秀產品，不受單一廠商的禁錮。

所以，UNIX的國度成了一個支離破碎、各據山頭、標準歧異的分裂世界，各項投資無法充分發揮最大效用，成其發展推廣的最大絆腳石。

1981年，史丹福大學的一位研究生開發出一套以柏克萊版UNIX為作業系統的工作站。後來他和柏克萊版UNIX作業系統發明人載意合創昇陽微系統（Sun Microsystems），從事工作站的銷售。

昇陽公司在1987年設計出“SPARC”微處理器，以SPARC微處理器為心臟的搭配UNIX作業系統的昇陽工作站，效能強大，頗受專業工程人士的好評，讓昇陽營業額達30億美元之譜，成了工作站領域的龍頭。

1988年，昇陽充分的發揮UNIX作業系統強大的網路功能，推出由工作站、伺服器所組成的「主從架構」（Client／Server）電腦網路系統，成功的打進金融機構的商業市場，並開拓了工作站的市場領域，引發了至今仍爲主流的「主從架構」風潮。

主從架構

以管理的角度來看，傳統上被供奉在冷氣房裏，由資訊部門專業人員所操作的大型電腦是封閉、一般人不可親近的機器。企業內的其他部門需要對資訊進行處理時，都必須請求資訊部門的協助，其運作模式是中央集權。

個人電腦崛起後，由於價格便宜，成爲企業界電腦化的主流。個人電腦配合著人人皆會使用如ViSiCalc、Lotus 1-2-3等套裝軟體，可以對輸入的資料立即運算、做成決策，並且輸出、列印，其較大型電腦是靈活、平易得多了。不過，和大型電腦相比，個人電腦運算能力、資料儲存容量皆遜於大型電腦。

另一方面，企業大量購置個人電腦後，各種不同的電腦硬體、軟體程式、資料庫，各行其是的作業方式，不同的標準，導致資源的浪費與資訊的不一致，造成管理與控制的不易。

企業已接受了個人電腦的好處，當然，不可能走回以往大型電腦中央集權的運算模式。於是，建立企業內電腦網路，以提供資訊資源（如檔案、印表機）共享之基礎，就成爲了80年代初期的解決方式，這也是當今網路軟體大廠——威網（Novell）崛起之背景（註：威網的伺服軟體提供PC使用者藉網路處理檔案和管理印表機)。

然而，上述「檔案共享」的方式，對於資訊的安全性與整合性仍未能提供完善的解決方案。於是，由昇陽微電腦所推出由工作站、伺服器所組成的「主從架構」網路系統，一方面能保留個人電腦的迅捷與便利，又能兼顧管理與控制的需求，成了企業電腦化最佳的方式。

在主從架構的網路系統中，「主」是主人，也就是多個可以獨立作業的工作站。「從」是指替主人（工作站）服務的「隨從」，是由網路上一部運算能力、資料儲存容量較「主」（工作站）強的電腦來擔任，做資料庫管理的工作，來替「主」服務，扮演網路系統中「伺服器」的角色。

「主」平常各做各的事，當遇到能力不能解決的事情時，就透過網路交給「從」來處理。換句話說，「從」的能力雖然比「主」強，但扮演的不是指導和決策的角色，而是服務的角色，主導權在「主」（工作站）身上，一個主從架構中有許多個「主」它們可以同時作決策，整個電腦化因而更有效率。

1988年，昇陽以其工作站結合SYBASE軟體公司的主從架構軟體成功的打入紐約的金融市場。簡單來說，其應用方式如下：每個交易員都有自己的工作平台（昇陽工作站），可以獨立作業、運算，為客戶提供各種服務。而各種服務所須的「基本資料」則來自於網路上的「伺服器」。

各種金融商品的買賣撮合，都是藉著其「基本資料」（每分每秒外匯、股票、期貨的價位），及時的透過複雜的數學模型來產生。這些工作基本上是無法由人工來完成的。交易員與客戶必須透過電腦來了解這項商品的最新價格，甚至直接透過電腦進行買賣。

伺服器（Server）端掌管「基本資料」的管理，包括「資料」的安全性、整合性、一致性，和對這些資料進行查詢，或異動時的控制程序與作業規範。工作站（Client）端取得資料後可能要經過進一步的計算或處理才能變成最終的「資訊」，再以文字、圖形或聲音來呈現這些資訊。這些工作站具備足夠強大的計算能力，足以迅速的滿足各種不同的服務需求。此外，昇陽工作站上的UNIX作業系統，有強大的網路能力，正適合用來操作伺服器程式，比較起來DOS只是一個單人使用系統，且缺乏網路功能。

昇陽「主從架構」的系統電腦在當時獲得極大的迴響，被認爲將是企業內電腦運算的主流模式，那時PC平台上的DOS作業系統，缺乏網路能力並不適合擔任伺服器軟體的平台。因此，昇陽一直想把「主從架構」的模式推廣到更大的商業領域，希望企業會以UNIX工作站來取代PC。

這似乎是個千載難逢的機會，昇陽工作站以精簡指令集微處理器、UNIX網路作業系統，所架構的主從運算模式，來勢洶洶要挑戰個人電腦、英特爾微處理器及DOS作業系統的終端使用者運算（End User Computing）。

短兵相接

“SPARC＋UNIX”挑戰“X86＋DOS”

「主從架構」成爲企業電腦化的最佳選擇。那麼，缺乏網路能力，整體效能遜於工作站的PC，難道就成了待宰羔羊，束手無策的任人宰割嗎？

其實也不盡然，隨著一次又一次的世代交替，至80年代末期，個人電腦的整體效能也非吳下阿蒙了。其微處理器速度效能越來越強，記憶體容量越來越大。一向爲人詬病的圖形、網路能力亦可經由附加「介面卡」得到強化。

PC效能愈來愈強，不但可以執行文書處理、試算表等一般應用軟體，還有些PC版的電腦輔助設計和電腦輔助製造（CAD／CAM）軟體被發展出來。有些PC製造商更將推出搭配英特爾即將問世的新處理器（486）的「個人電腦工作站」，想向上攻占工作站市場。

反觀另一方面，工作站想要入侵個人電腦市場最大的障礙——價格因素，至80年代末也漸漸的消逝了。以往，工作站的價格一向高於PC數倍。不過，隨著半導體科技的進展，工作站也越來越便宜了。

以往，多是科技專業人員才使用高功能、高價位的UNIX

工作站，在昇陽於1991年推出的“SPARC SLC”工作站之後，就創造了新的價格／功能比。昇陽公司的SLC每秒可執行1250萬個指令，是價位相近的PC的兩倍速度。

以往，UNIX雖然十分適於網路的連結與資料庫的應用，但它卻難於學習且缺乏應用軟體。昇陽的SPARC SLC工作站有圖形使用者介面，使得UNIX與應用程式易於被非科技人員了解與使用。

一些廣受歡迎的套裝軟體，如Lotus 1-2-3的移植，也加強化UNIX的普及程度，昇陽版的Lotus 1-2-3操作與外形都與DOS版一樣，所以使用者不會感到他們是換了一個新的使用環境。

不過最重要的還是UNIX優異的網路功能。UNIX一開始就是設計作爲多工作業系統，且在大型電腦網路環境中歷經了二十年的改良，所以它是充分準備好，以應付那些需要更好的方式以分享資訊的商業界。

所以，使用者購買昇陽工作站的目的並不在於去執行PC上已有的一些套裝軟體，而希望能夠轉移到一個能夠互相連結的環境中，但PC在這方面並沒有提供合適的解決之道。

低階（五千美元起跳）工作站價位和高階486 PC的價位已相當，加上工作站原本具備網路、繪圖的技術優勢，正是企業環境中PC使用者所求的。工作站切入龐大的個人電腦市場，似乎也是理所當然的。

就這樣，一邊往下走，一邊往上移動，個人電腦、工作站雙方短兵相接已成不可避免之事。昇陽電腦知道，“SPARC＋UNIX”架構欲挑戰“X86＋DOS”架構，最大的問題在「量」不在「質」。

PC的開放式架構，讓英特爾微處理器每年有三、四千萬顆的出貨量。龐大的出貨量，除了壓低英特爾微處理器的單位成本，使其廣爲消費者所接受，更讓英特爾荷包賺得飽飽的，且每年可投入數億美元的研發經費來改善微處理器效能，讓英特爾有能力蓋一座又一座值十億美元的晶圓廠來擴充產能。雄厚的資本，更讓英特爾可以玩「價格戰」，用「錢」將對手壓得死死的！

相形之下，SPARC晶片，生產量不過僅幾萬套，如何能賺大錢？憑什麼跟英特爾玩？於是，昇陽效法PC的成功經驗，於1989年初組成「SPARC聯盟」，要將SPARC晶片由昇陽的「私產」，發展成公開的市場標準，讓“SPARC＋UNIX”架構樂於被所有的電腦製造商採用製造，創造出如IBM相容電腦一樣的熱況。

昇陽公司除了鼓吹「先進的精簡指令集技術」，將取代過時的「複雜指令集技術」的說法，並將SPARC晶片授權給德州儀器、富士通、東芝等半導體公司製造，使之彼此競爭，藉此召告天下，高效能的SPARC並不是昇陽的「私產」，且晶片將有許多供應源，不會如X86一樣，因獨家供應商壟斷，讓電腦製造商飽受缺貨、高價之苦。

雖然「SPARC聯盟」的構想被提出後，至少也要一年半載其機器方能問世，但其挾著「精簡指令集」技術及「主從架構」風潮來勢洶洶，不知英特爾陣營能否再次過關斬將呢？

這眞是一個極度混亂的年代。姑且不論昇陽挾其工作站龍頭之尊，入侵個人電腦市場，想將英特爾、微軟的"X86＋DOS"架構連根拔起。英、微陣營本身亦起內訌。大樁腳IBM除了「私心自用」想將個人電腦世界停格於286，更不滿英特爾、微軟與「相容電腦」製造商，每天財源廣進，自己卻日漸憔悴，於是弄出二代機，想藉著OS／2作業系統、微通道匯流排，將「相容電腦」趕盡殺絕、重新奪回業界主導權。

微軟、「相容電腦」製造商又豈甘心束手就縛。微軟持續推廣WINDOWS替DOS「美容」，以延續DOS這個已日薄西山的第一代作業系統。相容電腦製造商則緊抓著舊匯流排架構不放，繼以推出加強型架構與IBM的微通道架構「槓」上了！

到底勝負誰屬，請見下一段文便分曉！

內亂平定
IBM二代機兵敗

至1989年，386微處理器已問世三年。雖然，個人電腦製造商還在爲是否該進入“386”（32位元）領域而爭吵不休時，但面對「精簡指令集」先鋒昇陽的挑釁，英特爾卻不得不加快下一代微處理器的研製。

1989年4月微軟、IBM、康柏公司各首腦齊聚一場發表會上，這場發表會正是英特爾對「SPARC聯盟」做出反擊的時刻，他們發表了一個截取「精簡指令集」技術精華的「486微處理器」。

486微處理器內含一百二十萬顆電晶體，其處理速度從每秒25百萬次（MHz）起跳，此外內含快取記憶體及浮點運算功能，是一個效能強悍的微處理器。

486微處理器的問世，對外讓英特爾自「SPARC聯盟」扳回了些顏面。對內而言，與486相較286已經是過氣兩代的產品，386成爲市場主流似乎是大勢所趨、指日可待的事。

爲了加速消費者從「286轉向386」的速度。英特爾暫停286微處理器的生產，並推出了外部匯流排爲十六位元、效能較差、價錢低的386 SX微處理器，壓縮286微處理器的生存空間。英特爾亦拋開了過去單和電腦廠商「打交道」的習慣，首次與消費者展開接觸，發動廣告攻勢，「教育」消費者，**「286已經是過時的產品，買電腦就應該買386電腦……」**。讓**「386優於286」**的觀念根植於消費者心中。

前面我們提過，WINDOWS漸成氣候，微軟仍不間斷的修正其缺點，此時也有了新的成果。1990年5月，WINDOWS 3.0上市，其有卓越的記憶體運用能力，擺脫過去DOS 640K的限制，讓視窗效能大幅提升。WINDOWS 3.0配合386微處理器一改過去緩慢、笨拙等缺點，一個月內賣掉了四十萬套，並將386電腦的買氣帶至新高。

依附在DOS底下的WINDOWS如此風光，相對的，IBM「二代產品」就顯得相當寂寥。消費者捨286就386並拒絕接受微通道匯流排電腦，選擇了可和原來AT相容的匯流排。PC市場中，微通匯流排產品僅擁有15%的占有率，產業標準結構的產品則占有將近7成的市場。不久之後PS／2就壽終正寢了。

新舊黨爭的結果，老將勝新人。PC架構依舊開放，相容廠商還是不受IBM的鉗制，得以自由的投入386 PC的生產。由於競爭者眾，各家好手莫不壓低售價競爭。低廉的PC吸引了消費者的購買欲，市場更形擴充，驅動了一波又一波的正面循環。

在英特爾的賣力演出和各種主客觀環境的日趨成熟，至1990年下半年，386PC聲勢趨旺，市場的熱況甚至造成微處理器供不應求，價位水漲船高。有些電腦廠商不惜以高出一、兩倍的價格買進386微處理器，造成386 PC大撈一票的機會。至於「搶」不到386微處理器的廠商，則只能空望著成批訂單，無法出貨。

對英特爾而言，雖然「SPARC聯盟」仍虎視眈眈、伺機而動，但內亂已平定，IBM計謀無法得逞，開放架構依舊開放，其獨家供應獲利豐富的386微處理器，甚至供不應求，讓英特爾著實的賺了一筆。

然而「好夢最易醒」，步入1991年「精簡指令集」之風更愈吹愈烈，「精簡指令集架構將成為微處理器主流」之說甚囂塵上，許多半導體商紛紛推出精簡指令集微處理器，對英特爾展開猛烈攻擊。甚至連英特爾的親密伙伴微軟、康柏也支持「精簡指令集」晶片的發展。

此外在「精簡指令集」陣營中，陰魂不散的超微也推出了"AM386"，讓英特爾的搖錢樹飽受亂流。面對著此一波險惡的形勢，英特爾會安然度過嗎？

風波再起

英特爾486微處理器登場

1991年「精簡指令集」之風愈吹愈烈。「精簡指令集」陣營猛向英特爾開炮，除了昇陽推動的「SPARC聯盟」外，另兩個「精簡指令集」連盟相繼成立，矢志要將英特爾趕下微處理器的王座。

4月，一個包括迪吉多、康柏、微軟、視算科技等二十家軟、硬體公司，宣告成立「先進視算連盟」。連盟成員將以一家名爲MIPS的公司所開發的「精簡指令集」微處理器爲基準，來發展各式各樣的軟硬體。

其中最令人矚目的是，英特爾的親密伙伴微軟、康柏也名列其中。康柏欲擴充產品線，跨入「伺服器」（連接多台PC，構成區域網路，用於中、小型企業）及工作站市場。微軟亦想推出區域網路上多工、多人使用的網路軟體，由於擔心英特爾的晶片後繼無力，因此雙雙加入此連盟。

此時，IBM也發展出一款用於工作站的「精簡指令集」微處理器——RS 6000。爲了加強聲勢，1991年7月，IBM與死對頭蘋果電腦化敵爲友，蘋果電腦同意採用RS 6000晶片爲其下一代個人電腦——「威力電腦」的微處理器，雙方野心勃勃的意圖創造個人電腦新標準。

除了外來的挑戰，在「精簡指令集」陣營中的超微也蓄勢待發，準備出擊。超微利用逆向工程原理，抄襲英特爾386微處理器的電路，欲推出相容的386微處理器。

英特爾告上法院，想消弭超微的攻勢，並試著阻止超微使用“386”的名稱。然而，1991年3月，法官認定“386”這名稱具普遍性，不受商標法保護。

1991年夏天，英特爾享受了四年的「獨占事業」終於譜上了休止符。超微“AM 386”挾其價錢較低、速度較快些，且耗電量低的優勢正式向英特爾宣戰。

爲了反擊來勢洶洶的AM 386，英特爾不斷的加速降價，其1991年夏季還維持著152美元的高價微處理器，至1992年初，已降了三成，僅剩99美元。

世事多是福禍相依、有弊有利。在「AM 386效應」的發酵下，價格低廉的386微處理器成了消費者的最愛。1991年，其出貨量成長30%，達到1100萬片，386 PC躍居市場主流。

龐大的出貨量，使得英特爾、超微所生產的“X86”微處理器，可以迅速壓低價格，刺激更大的需求，進一步鞏固“X86”架構的地位，化解「精簡指令集」的攻勢。就在386成爲市場主流之際，1991年6月，英特爾又推出一款運算速度是原始486兩倍的高階486晶片——“486 DX-50”（註：DX是兩倍的意思，50表50MHz，每秒50百萬次）。

486DX-50，每秒50百萬次的運算速度超過了“SPARC”的速度，狠狠的打了「精簡指令集」一個耳光。同時也給了正要在“386”市場大吃大喝的超微來個下馬威。這也展現了英特爾驚人的研發能力，386晶片剛成爲市場主流，下一代產品已子彈上膛，指向386晶片。

1991年，靠著“386”的銷售，英特爾營業額超過40億美元，拿下美國半導體業王座。超微公司亦有14億美元的進帳。

超微董事長桑德斯喜形於色的向媒體表示，「……如同相容PC的存在使得PC市場急速成長。相容微處理器的出現，亦擴大了整個微處理器市場。超微的存在，使英特爾的價格不敢滲水，並吸引新的客戶。因此，你可以說，我們是客戶的最佳朋友」。桑德斯的話或許有道理，但英特爾的臥榻之旁豈能容人鼾睡。

如同IBM面對相容PC的憤怒，英特爾看著超微從自己口袋裏掏走14億美元，卻又冠冕堂皇大放厥詞，這不僅令英特爾搥胸頓足，大喊不甘；利潤越來越小的386微處理器，也令吃慣「大魚大肉」的英特爾漸有食之無味，不如棄之的想法。

1990年英特爾主導「286轉向386」的手法，這次英特爾意圖主導市場轉向其技術獨占的“486”領域。英特爾能否如願的主導這一波的世代交替，還是會如同IBM一樣作法自斃，且看下回分解啦！

第十二章 轉向486

486 DX-50晶片總算暫時的壓抑「精簡指令集」的氣焰。“386”市場遭超微入侵後，利潤越來越小了，英特爾漸有食之無味，不如棄之的想法。英特爾意圖主導市場轉向其技術獨占的“486”領域，擺脫像蒼蠅般的超微……

強力行銷486及Win 3.1

「擺脫超微」一向是英特爾拿手的伎倆。英特爾將“486”微處理器中的「浮點運算單元」拿掉，推出一款低價的486 CPU──“486 SX”，以低廉的價錢，壓縮“386”的空間，讓市場儘快轉到「486微處理器」上。

除了低階產品，可與工作站一搏的高階產品亦不缺，486微處理器運算速度從每秒16百萬次至100百萬次，高、中、低價位，各類產品應有盡有，形成「無間隙的市場策略」，讓競爭者找不到進入市場的施力點，以絕其前路。除了，產品線的部署，英特爾也砸下大筆鈔票從事行銷活動。

爲了建立消費者的品牌忠誠度，一項爲期兩年、耗資數千萬美元的「英特爾在我家」（Intel Inside）行銷活動，也自1991年下半季展開。英特爾補助電腦製造商，在採用其微處理器的個人電腦外殼上，打上“Intel Inside”的標誌。

“Intel Inside”的貼標，讓原本深藏機殼內，見不得天日，只印在微處理器晶片上的“Intel”這個字，宛如潛艦浮升，躍於世人面前。

想想看，全球60％、70％，數以千萬計的PC，不管是

IBM、康柏還是宏碁、神通，一夕之間機殼都掛上了"Intel Inside"的標誌，消費者睜眼所見皆是英特爾，它焉能不紅？消費者購買電腦時能不指名英特爾微處理器嗎？

"Intel Inside"的行銷活動，讓英特爾品牌形象深植消費者心中，可謂是極成功的行銷案例。自1992年始「4比3好」的行銷廣告密集的在各種傳媒曝光，猛烈的將「486比386快」的印象灌輸於消費者腦中，強調PC購買者買486PC才是明智之舉（註：因當時486晶片只有英特爾一家生產）。

就整個大環境、大策略而言，英特爾「486取代386」的策略，與IBM推出PS／2時另建新架構、逆勢行船的做法最大不同之處在於，「486取代386」的策略是承繼以往架構，從既有的市場規模出發，尋找新的賣點，創造更佳的利潤，這是「順水推舟」，當然容易多了。

此外雖然，在WINDOWS與386微處理器的搭配下，微軟與英特爾共蒙其利，雙雙擺脫藍色巨人的桎梏，但其實"386＋WINDOWS"所能提供給使用者的圖型介面也僅達「堪用」之等級而已。換言之，「視窗軟體」、「圖形介面」所需耗用龐大硬體資源又為這一次微處理器的世代交替提供了「正當的藉口」和「充分的理由」。

1992年4月，微軟修正了WINDOWS 3.0的瑕疵，推出更為精進、完善的WINDOWS 3.1。此時，經過漫長的法律訴訟程序、六千萬美元的律師費，微軟與蘋果電腦的專利訴訟也有了初步結果。1993年7月，法院終於接受了微軟的抗辯，「……微軟曾與蘋果簽定授權合約」、「……全錄才是圖形介面科技的眞正發明人……」，初審判決蘋果電腦大部分的「使用者介面」不受保護，原本飄在“WINDOWS 3.1”上方的烏雲終被吹開，微軟股票立即上升了10%。

至此，WINDOWS累積銷售量已達四千萬套，成爲PC平台上圖形介面的標準。這對英特爾所推動「486轉向386」亦是一大利多。

486帶動多媒體風潮

除了英特爾的強力促銷活動加上WINDOWS 3.1之外，從90年代初期就逐漸加溫的「多媒體」熱潮，更是「486轉向386」的必然理由。當時，業界人士無不對「多媒體」所能引導的龐大商機寄望頗高。

如同，蘋果電腦總裁史考利說：「個人電腦在1980年代的瘋狂成長歷史，將在1990年代重演，而主角由『多媒體』取而代之……。」微軟總裁比爾蓋茲亦表示：「『多媒體』的未來發展，將是史無前例，遠非我們當前所從事的業務可以相比的……。」

到底什麼是「多媒體」？為何上述業界龍頭皆對其殷殷盼望？又為何其會是「486轉向386」的必然理由呢？

顧名思義，「多媒體」就是結合文字、圖形、聲音、影像、動畫等多種傳播的媒體，如電影、電視，就具有多媒體特色，也是你常接觸的「多媒體」例子。

但是，電腦可透過滑鼠、鍵盤的交談式特色，更能將多媒體做更有效的運用。多媒體電腦就是，有多媒體功能的電腦，換句話說，只要同時傳達聲音、影像、圖形、文字等功能的電腦，就是多媒體電腦。

再說的更明白一點，多媒體電腦不再只能用來處理單調的文字、數據資料。清晰的彩色圖像、動畫和高傳眞的聲音，都將可能成為電腦所處理的範圍。所以，電腦軟體將可如電視、電影般充滿誘人的聲光效果。這無疑的將使電腦散發致命的吸引力並更進一步擴充電腦的應用範疇。

由於多媒體的環境中，聲音、影像的檔案都很大，比方說，錄製一分鐘高品質的聲音就占了10MB（百萬字）的儲存空間。因此，要依靠具有「超大記憶容量」特性的光碟片儲存龐大的影音資料，再經由光碟機來讀取光碟片。

此外，由於PC推出時並沒有設計用來專門處理音效的電路，所以電腦只能透過小小的蜂鳴器發出「嗶……嗶……嗶……」的單調聲響。因此多媒體電腦還必須加裝一片「音效電路卡」，才能讓PC合成、製造動人的音樂與聲效（歌星唱歌是不是也要受過特殊訓練〔如音、視訊晶片〕、拿著麥克風〔如音效卡〕，方能在舞台上載歌載舞呢？）。

當視窗、多媒體環境漸成主流，其應用程式需要處理大量圖形資料量，386微處理器「馬力」不夠、「效能」不足，已無能為力，「486取代386」成了順水推舟之事。欲進入多媒體世界。除了必須有一顆更強的「心臟」，電腦的「資料通道」也必須更新。

顯示每幅動態影像的畫面需要用掉2.3MB的資料容量，當每秒30幅全動態影像運作起來，每秒需要的資料量增至69MB，遠遠超過386微處理器的效能和傳統匯流排的負載，結果造成影像畫面遲滯，甚至遺漏畫面的情形。

電腦的速度幾乎決定於微處理器的快慢。爲了處理多媒體的世界裡大量的影音資料，具有「速度更快的微處理器、更大記憶體」的高性能電腦更成了邁向「多媒體」之路上的必然要求。

爲了使電腦整體系統架構能跟得上微處理器「爆增」的運算能力，不至於發生「跑車開在慢車道」的窘態，英特爾除了發展晶片組配合微處理器的運作，並著手改進電腦內部的匯流排架構。

1992年間，英特爾發表新的「PCI匯流排」，以突破圖形處理與資料傳輸的瓶頸。爲了消除製造商對獨家公司掌控規格，壟斷市場的疑慮，英特爾成立一個PCI產業組織，旨在控制規格，免費授與PCI專利使用權，以加速PCI匯流排成爲產業標準，避免重蹈微通道、EISA匯流排的覆轍。

看來，一切都準備就緒了。不過就算有再充分的理由說服消費者捨386就486，但是「錢爲購置之本」，當時，486電腦較386高兩、三成的價位仍令許多人望而卻步，打退堂鼓。

還好，1992年6月，康柏爲刺激市場買氣，將其產品降價求售，引發了整個業界一場「低價電腦風暴」，讓486電腦成了可以親近的「新好電腦」，漸漸變成主流機型。

低價電腦風暴

讀者或許會覺得很奇怪，翻開前面的PC史，IBM、康柏「降價」不知幾次，也不見引爆什麼「低價風暴」，到底此番「降價」和過往「降價」有何不同，爲何會造成「低價電腦風暴」，欲知來龍去脈，一切得細說從頭。

話說，80年代初期，IBM首度推出PC。由於習慣了大型電腦的高毛利率，因此，IBM PC亦以高價位問世，以維持一定毛率（註：當時IBM PC 16K記憶體／磁碟機售價1265美元、48K記憶體／單座磁碟機售價2235美元）。

首先推出相容電腦的康柏，爲了與IBM強大的品牌形象、行銷能力競爭，故對品質的要求極爲嚴苛，並打著精巧、價格低的旗號，如影隨形的跟著IBM PC並在相同的經銷網競爭。由於，最早進入市場，策略得當、品質水準也不下於IBM，康柏聲名堀起，與IBM成爲PC世界的兩大角頭。

最早進入市場的IBM、康柏，維持了好一陣子50％～40％以上的高毛利率，這也讓晚一步進入市場，以低價爲訴求的戴爾電腦等二線廠商，有了生存空間。戴爾的價位則又提供價格更便宜的台灣、韓國等相容電腦公司之生存空間。

二、三線的相容電腦製造商其公司規模與員工人數達三、四十萬之眾的IBM相比，簡直是天壤之別，所以，其經常性開銷低、經營效率高於IBM、康柏等大廠。他們靠著較低的毛利率生存，以便和IBM、康柏的同級電腦，保持15％～25％的價格差距，來彌補品牌形象不如人的缺憾。這些二、三線的相容電腦靠著低價攻勢，侵蝕大廠市場並更進一步的擴大整個PC市場並激發市場成長。

其間，爲了維持市場占有率，IBM多次降價並擴充經銷網，業界第二把交椅康柏亦隨之跟進，雙方有志一同想與低價相容廠商一搏，維持市場占有率。雖然兩大角頭使出「降價」的手段，但爲了維持利潤，其價位仍高於低價相容電腦三、四成。不過兩大廠這種「有節制的」降價，就足以讓不少當時規模尙小的相容電腦製造商，應聲而倒。

對僥倖存活下來的相容電腦製造商而言，「大廠降價」成了其每年必接受的震撼教育。不過名牌電腦爲了維持相當利潤，所造成的「價格傘」藩籬，仍讓二、三級相容電腦製造廠有了生存的空間。

1986年，康柏更因率先推出386電腦而名噪一時，並躍居個人電腦市場龍頭寶座。然而，康柏走火入魔的追求高品質，製造成本高居不下，電腦愈賣愈貴，反而成爲同業在市場競爭時爭相攻擊的箭靶。

進入了90年代初期，企業界在80年代盲目追求電腦化風潮已不復在，加上經濟不景氣等因素，許多客戶離康柏而去，改買較便宜的電腦。

此外，受到「精簡指令集」之風的影響，康柏唯恐“X86”架構微處理器將被淘汰而花下大把的鈔票及資源，主導「先進視算連盟」成立，所以遲遲未採用486微處理器，因此康柏比其他廠商晚一步推出利潤較高的486電腦，這使得康柏的利潤、市場占有率大受影響，在1991年出現成立以來首次季虧損和裁員。

爲了挽回頹勢，拒絕策略轉型的原總裁康尼恩被踢出家門。在新任總裁的主導下，康柏放棄其高價位、高毛利的策略，削減製造成本、將產品大幅降價，並退出「先進視算連盟」，重回英特爾懷抱，全心發展“X86”架構電腦。

1992年6月15日，康柏突破以往「價格傘」之藩籬，宣布全系列產品降價30％～40％，推出低於1000美元的“ProLinea”機種，震撼了整個業界。

想想看，有一天賓士、BMW推出了四、五十萬的車款，你是否會捨裕隆、福特而就賓士、BMW呢？這是想當然爾的！所以，當康柏這種「名牌」機器的價位，已降至一定水準時（1000美元上下），消費者當然選「名牌」而棄「雜牌」。

康柏的低價電腦ProLinea推出後，市場反應極爲熱烈，供不應求。競爭者，不論是IBM、戴爾，甚至連蘋果電腦皆捲入了這場PC價格戰，引爆了全球一股低價電腦的熱潮。這一著棋果然令康柏扭轉頹勢，重新被華爾街列爲值得購買的股票。

低價電腦的熱潮除了令康柏起死回生外，對英特爾、微軟亦是助益良多，甚至成了386轉向486的大功臣。

市場轉向486

康柏的推出低價電腦ProLinea，吹縐一池春水，引爆了全球一股低價電腦熱潮。這時電腦的主流是配備爲386微處理器加上1MB的記憶體。

此時，386微處理器的市場大多被英特爾和超微所瓜分。超微自1992年初，開始仿製386晶片，至第一季時，超微已在386晶片市場中擁有40％的占有率。

英特爾當然不會坐視超微吞食市場。如同在前面所提到的，英特爾展開行銷攻勢，推出「4比3好」的行銷廣告，鼓吹購買者改用486 PC才是明智之舉。此外，英特爾再用舊招，推出廉價沒有浮點運算功能的486微處理器，並將整個486微處理器大幅降價，以壓縮386微處理器的市場。

英特爾將486微處理器大幅降價，再加上PC價格也普遍下降，486 PC價格居然僅比386 PC貴出一、兩百美元而已，這種價差令許多人捨386就486。或許如同英特爾所說的「買486PC不必擔心會很快過時」，加上「WINDOWS軟體在386PC上執行的速度太慢」，都讓消費者有很好的理由投入486的懷抱。

自1992年後半年，市場主流轉向486。例如，康柏公司在

1991年所銷售的PC中，486機器僅占一成，1992年486的出貨量卻提高至六、七成。486微處理器躍居主流地位，使英特爾自超微手中重新收復了市場占有率，利潤也大幅提高。

看來，超微好不容易趕上英特爾腳步，想在386市場上大展鴻圖，卻馬上被敲了一記悶棍。在英特爾的主導下486微處理器成爲主流，386市場快速萎縮，且386微處理器已成了過時日曆沒人要。

另一方面在486的領域中，英特爾又故技重施，祭出「專利權」阻撓，使得超微486微處理器的上市又生變數。

超微的486微處理器原本也準備上市，但由於法院的侵權判決，迫使超微必須重新設計相容晶片，以免侵犯英特爾的著作權。這判決影響到超微486的出貨，超微最早要到明年（1993年）才能推出自己的486微處理器，它的股票也跌了45％。超微宛如想要上場殺敵手中卻沒有子彈的士兵，只能眼睜睜的看著英特爾大發利市。

然而，超微的噩夢只是剛開始而已。1992年後半年，486方成市場主流，英特爾又宣布將在1993年初開始銷售其第五代微處理器“P5”，並且已告訴PC廠商，1993年底將可獲得更新一代的“P6”微處理器。

英特爾連番出招，打得超微頭冒金星、抬不起頭來。雙方技術水準的差距，使英特爾似乎成了高掛於天的太陽，超微卻彷彿是神話中追日的巨人，永遠都追不上。神話中追日巨人，最後累死了，超微能走出這般宿命嗎？

就這樣，英特爾首先賣力演出，強勢的行銷廣告、低價微處理器雙雙出擊。繼之以WINDOWS 3.1、多媒體推波助瀾。最後，康柏踢出臨門一腳，引爆「低價電腦」風潮，終於主客觀條件趨於成熟，1992年上市已快三年的486成爲市場主流。

486微處理器的需求旺盛、毛利率高，隨著產能的擴充，英特爾營業額屢創新高。1992年，51億美元的營業額，比1991年成長了26%，讓英特爾超越NEC，將「全球最大的半導體公司」的頭銜，自日本人手中搶回，美國半導體產業終於又揚眉吐氣。

486微處理器有足夠的「馬力」來推動易學易用、親和力強的WINDOWS 3.1和五顏六色、聲光效果佳的光碟軟體，將電腦性能提升到一個新境界，加上電腦價格驟降，大大的擴展個人電腦的銷售範疇。電腦由企業中專業人員使用的事務性機器，轉變成一般家庭的消費性機器，吸引更多人開始使用電腦，對於促成個人電腦的普及及資訊時代的來臨，實在居功厥偉。

「低價電腦」風潮，將486拱上了主流之路，康柏則因而東山再起，英特爾、微軟的霸業進一步得到鞏固。超微則又再度被英特爾甩掉，在486市場吃鱉。「精簡指令集」的頭號先鋒由昇陽所領軍的「SPARC聯盟」亦無功而返，而“X86”架構進軍企業用大型伺服器、工作站領域也是沒有什麼大收穫，雙方可算是在原地踏步。

除此之外，「低價電腦」風潮，更在全球資訊業界引起一場地震。前面說過康柏的低價電腦推出後，市場反應極爲熱列。IBM、戴爾，蘋果電腦也跟進，皆捲入了這場PC價格戰。大廠產品殺價求售，這可苦了底下的小廠。

爲了和名牌產品有所區隔，小廠亦不得不隨之降價以和名牌產品維持價差，以彌補品牌形象不如人的缺點。但原本利潤已較微薄的小廠其實降幅有限，使得其價差由原本五、六百美元，縮小到一、兩百美元上下。

名牌電腦大落價，與小廠電腦價差縮小。導致許多賣便宜貨的銷售通路（一般店面），紛紛改賣康柏，IBM、戴爾的電腦。而消費者當然樂的選「名牌」棄「雜牌」。所以，即使小廠也降價跟進，仍必須面對市場萎縮之困境。

除了市場被名牌電腦侵蝕而萎縮，降價更使得小廠原本微薄的毛利率更慘淡（僅剩下一成左右）。以上種種衝擊皆令小廠苦不堪言，許多財力不足的廠商紛紛應聲而倒。如同英特爾總裁葛洛夫所說的：「全球90％以上的電腦業者會在這場淘汰戰後退出市場。」

在這股全球殺價的旋風中，體質不夠強的廠商紛紛出現財務狀況。尤其，當時台灣廠商正熱中於推動自有品牌，這可要負擔極爲沉重的研發、行銷費用。沒想到受到市場萎縮、毛利率降低的雙重打擊，虧損、關門的不計其數。早期知名的詮腦、佳佳科技、凌亞等公司便在這一波衝擊下，淡出市場。宏碁、神通也不得不調整組織及策略，以壓低成本並放緩自有品牌行銷計畫，重回代工領域，才熬過這次的衝擊。

這波低價風暴中，美國知名大廠其實也不見得好過。IBM在1992年第四季出現有史以來最嚴重的虧損，共計虧了八十億美元。王安、飛利浦等公司亦虧損連連。原來，這些隨著康柏降價的歐美廠商，並不具備硬拚的體質（因康柏是有備而來的）。他們只能有效控制管銷成本，並調整快速因應市場需求的台灣廠商代工比例。

於是，在「降價風暴」中倖存的台灣廠商，成了歐美大廠的「彈藥庫」、代工中心。就這樣，台灣資訊產業逐漸走過寒冬，在世界資訊產業中搶下一席之地，並漸漸累積資金，加強研發經費、投入半導體、映像管等關鍵性零組件的生產，「科技島」的願景漸漸浮現。

音效卡、光碟機、喇叭

要如何才能讓電腦擁有多媒體功能呢？

擁有聲效影像非夢事，只要擁有下面的基本配備就可以達到效果。

產品名稱	用途
光碟機（CD-ROM Drive）	讀取光碟片
音效卡（Sound Card）	製造發出聲音
喇叭（Speaker）	將聲音擴大

事實上就個人電腦的架構而言，主處理器主要是負責資訊的處理。不過系統上還是有許多專業的分工晶片（如顯示、視訊、音效等晶片）來幫助主處理器的運算，這些專業的分工晶片就是常說的輔助處理器。有了這些輔助處理器，才可讓主處理器去進行更多的實際運算。一些相當耗用資源的處理，就交給輔助處理器來進行。

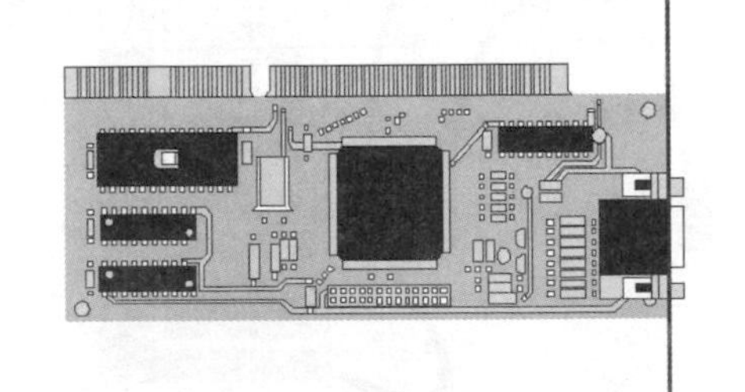

音效卡

當然我們也可以用硬體設備（如音效卡、顯示卡等）來加強電腦的效能。例如在WINDOWS 95下顯示畫面，如果沒有顯示卡輔助處理的話，使用者看到的畫面如老牛拖車般，因爲主處理器的時間都浪費在畫面的運算上，反而讓眞正需要運算的數據受到拖延。

對於以上這段文字我們不妨舉個簡單的例子，譬如，某教師小明，上課時爲了能夠有較大的音量往往必須藉助麥克風來增強音量，爲了有清楚、完美的版書，五顏六色的粉筆甚至放映機、投影片更是不可或缺的裝備。

光碟機

我們不妨將音效卡與音效晶片當成是麥克風；將視訊晶片、顯示卡當成放映機、投影片。教師有了這些輔助設備就不用費盡精力喊破喉嚨或在黑板上大書特書，而可以將力氣用於教學上。如同電腦利用輔助處理器和硬體設備來幫助主處理器的運算。

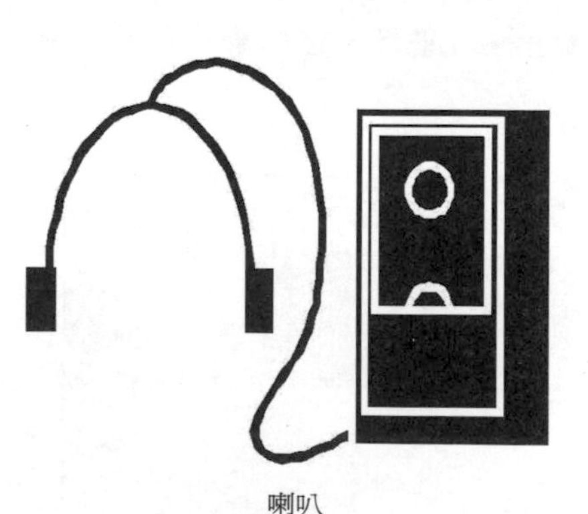
喇叭

第十三章 WINTEL大帝國誕生

轉向486之後，「精簡指令集」不甘俯首稱臣，仍試圖反撲。多媒體之風愈演愈烈，網路風潮興起，微軟WIN 95全新登場，又為英特爾新一代的微處理器——“Pentlum”找到了可供揮灑的舞台。

微軟、英特爾緊密結合，“WINTEL”帝國的聲勢達到頂點。

圍攻英特爾

1992年，英特爾486微處理器的需求旺盛，讓英特爾風光的度過這一年，除了營業額屢創新高，更讓英特爾超越NEC，將「全球最大的半導體公司」的頭銜，自日本人手中搶回。然而，在這個倍速競爭的行業，英特爾是無法片刻喘息的，挑戰者在1993年仍摩拳擦掌，前仆後繼想要在這個一年數十億美元的市場上分得大餅。

在"X86"陣營方面，第一個要提到的當然是英特爾的「死忠」追隨者超微。一年前，在英特爾「專利之拳」的攪局下，超微不得不修改原本蓄勢待發的"AM 486"程式碼，讓超微鵲起聲勢爲之中驟。君子報仇十年不晚，1993年中，超微的486微處理器推出，欲報當年一箭之仇。

另外，台灣聯華電子的486微處理器亦於1993年第二季上市。德州儀器及新瑞仕（Cyrix）的486微處理器亦要在1993年起大量供貨。IBM也推出「裝有」486微處理器的主機板，並對外銷售，1993年是486微處理器群雄爭霸的一年。

俗話說「殺頭的生意有人做，賠錢生意沒人賺」。由於利之所趨，以上各廠商不畏英特爾「專利之拳」的伺候，不斷投入微處理器的生產，期望能跟得上英特爾的腳步，推出完全相容且有更好價格／功能比的產品來搶食“X86”的市場大餅，於是1993年，486微處理器的戰國時代終於展開。

在「精簡指令集」（RISC）方面，雖然“SPARC聯盟”無法順利入侵PC市場。但在1992年間成立的各聯盟，經過一年的整軍經武於1993年出招了。

少了康柏這員要角的「先進視算連盟」，在5月亞特蘭大舉行的電腦展中首先亮相。台灣的宏碁電腦、日本NEC等公司以MIPS晶片爲架構，推出第一批採用精簡指令集微處理器並搭配微軟“WINDOWS NT”新作業系統的「新一代」個人電腦，頗受矚目。

此外，一些以往叱吒大電腦、迷你電腦產業的大廠，如IBM、惠普、迪吉多紛紛放棄舊的電腦架構，於1993年推出自己的微處理器，想與英特爾“X86”架構一爭高下。

迷你電腦的龍頭迪吉多公司，於1992年2月開發出以工作站爲市場的阿爾發（Alpha）晶片。根據1993年版的金氏年鑑記載，「阿爾發微處理器速度高達200MHz，是世界最快的晶片」。有此「神兵利器」在手，迪吉多焉能不躍然欲試。

1992年11月迪吉多推出阿爾發工作站，想藉此淘汰老邁的迷你電腦。阿爾發工作站的速度雖睥睨群雄，但因缺乏軟體，加上IBM、惠普和昇陽公司已瓜分工作站市場，使得迪吉多一時難以出頭。於是，迪吉多又在1993年5月，推出以阿爾發微處理器為架構，售價五千至七千美元之間的阿爾發PC，搭配合微軟的"WINDOWS NT"作業系統意圖切入高階PC市場。

另一方面，由蘋果電腦公司、IBM、摩托羅拉所組成的"AIM聯盟"，也於1993年下半年，推出以威力晶片為架構的"Power PC"。1993年各種「精簡指令集」的機器紛紛出籠，嚷喊著「複雜指令集到486為止，英特爾即將沒落」的口號，磨刀霍霍指向英特爾。

覷之於「精簡指令集」這一波的攻勢，微軟彷彿扮起了吳三桂的角色，引「清兵」入關。的確，不管是「先進視算連盟」的MIPS晶片，或是迪吉多的阿爾發都搭配著微軟的"WINDOWS NT"作業系統。到底"WINDOWS NT"是何方神聖，微軟「背叛」英特爾「齎盜糧，借賊兵」的行徑，又所欲何為呢？

各懷鬼胎

微軟的“WINDOWS NT”作業系統於1993年5月24日正式公開。“WINDOWS NT”是一個網路作業系統，擁有430萬條指令，耗資1.5億美元開發，目的在爲微軟公司及其盟友征服企業市場中由多台工作站、伺服器構成的網路世界及「主從運算」環境。以往這些網路多半使用自UNIX所衍生的作業系統，被昇陽、IBM、惠普等公司所瓜分。

WINDOWS NT的問世是微軟打進高層次電算領域的第一步。WINDOWS NT是一種32位元的作業系統，具有多工及多處理器支援能力，並擁有內建網路功能，C2級安全保證能力。

上述這些功能，其實眾家各版本的UNIX系統都已做到了，而且比NT更早進入市場。NT的優勢在於其可以執行WINDOWS 3.1和DOS的應用軟體，並和WINDOWS 3.1使用同樣的（圖形）使用者介面。

NT除了可以在英特爾的微處理器上執行外，現更積極與RISC微處理器結合。NT所具有之「可攜性」，使得MIPS、阿爾發等晶片皆能執行這個作業系統。換言之，藉著NT，MIPS、阿爾發等晶片，可以執行跟英特爾微處理器一樣的軟體，這將使英特爾"X86"架構受到很大的威脅。

其實，微軟公司意欲藉NT踏入工作站市場，並突破"X86"架構之限制，一統所有平台的作業系統之野心也十分明顯。

以往微軟、英特爾，一軟體、一硬體兩家公司藉著彼此合作，成爲IBM PC平台上「唯一」的標準。各PC製造商在穩定的情勢下蓬勃發展，造就了PC席捲天下之霸業，微軟、英特爾則成了最大的受益者。

然而，軟硬體商的經營考量本來不同，市場策略當然各異。對從事軟體設計的微軟而言，其著眼點在如何使軟體如WIN31、WIN NT作業系統、或Word等應用軟體廣爲被接受，被「放在」所有的電腦上，達成"WINDOWS Everywhere"（WINDOWS無所不在）的策略目標，那管電腦是使用英特爾、超微，還是摩托羅拉、阿爾發的微處理器。

對英特爾而言，在超微、新瑞仕等相容晶片製造商的緊追下，如何提高消費者的忠誠度，讓其繼續愛用「正宗」X86系列之微處理器，卻關係著其企業生存之命脈。除了一般個人電腦外，在由IBM、惠普、昇陽、迪吉多，所瓜分的高等級電腦（如超級電腦、工作站、伺服器）的領域，則是英特爾一直想要指染，以完成「一統天下」的終極目標。

兩者觀點迥異，處境不同。雖然過去是「親密夥伴」一向合作愉快，但做生意總是以「追求最大利潤」爲考量，在利字當頭的情況下，有步調不一，互挖牆腳的事情出現，亦屬理所當然。

雖然，「精簡指令集」陣營有微軟助陣，英特爾仍表示，「……不很擔心新晶片架構所帶來的威脅。一個新作業系統（NT），不致於在短期內獲得普遍的接納。此外，英特爾微處理器的規模經濟，將使我們的機器在價格上，足與其他任何系統競爭。」嘴巴雖然這樣講，爲了加大與競爭者的差距，英特爾仍加速推出新一代的微處理器應戰。

迪吉多風雲

迷你電腦的先驅，迪吉多自60年代掘起，就一直是IBM的勁敵。1987年迪吉多的“Vax”電腦，以「迪吉多做到了！」的廣告，昭告世人「迪吉多Vax電腦完成了IBM所不能完成的功能」，狠狠地打擊IBM迷你電腦業務。

Vax電腦系列，能連接不同系列、甚至不同品牌的電腦，讓每一種系統都能相互溝通，以滿足從桌上型電腦至較低層級之大型主機的所有需求。IBM有五種迷你電腦系列，卻沒有一種可以很容易地跟另外一種「溝通」，Vax電腦的功能是IBM夢寐以求但卻在迪吉多的手中完成。

Vax電腦系列促使迪吉多電腦公司的業績大幅成長，1986年Vax電腦系列就接到20億美元的訂單，讓迪吉多的營業額飆到76億美元。

然而，迪吉多漠視了微處理器所引爆的個人電腦風潮。1984年，當IBM「不得不」推出PC時，迪吉多仍將PC說成是「廉價，注定短命，而且不很精確的機器」。

回顧迪吉多於60年代顛覆「大型電腦」，推出設計簡單，價格便宜的迷你電腦，這種態度顯得特別諷刺。當科技再度變遷時，曾經扮演革命者的角色，攻擊大型電腦世界的迪吉多，卻抗拒變革，行徑保守的跟當年它所攻擊的大型電腦公司無異。

如同IBM的大型主機，幾乎被個人電腦的潮流所滅頂，迪吉多的迷你電腦也難逃噩運。到了90年代初期，大型主機、迷你電腦的價格及功能比遠遠不及個人電腦及工作站。許多原來在大型主機上的工作漸漸的被轉移到工作站和PC上來執行。迪吉多在1991年虧損了6.36億美元。

迪吉多不得不放棄迷你電腦的架構，推出自己的微處理器來扭轉局勢。1992年3月，迪吉多開發出一款名爲「阿爾發」的64位元微處理器。

阿爾發微處理器，主要是以工作站爲市場。迪吉多的阿爾發工作站是在1992年11月推出，想就此淘汰老邁的“Vax”迷你電腦系列。阿爾發工作站的速度雖傲視群雄，但因缺乏軟體，加上此市場已被瓜分使得迪吉多一時難以嶄露頭角。於是，迪吉多又推出阿爾發PC，想藉此入侵PC市場。

電腦小常識——NT大補帖

多工能力：意指同時執行好幾個任務，或執行不同的應用程式之能力。WINDOWS雖然也有多工的能力，但是只有一個「線頭」程式，必須分享電腦時間，如果一個任務失敗，整個系統都會垮掉。NT即使其中一個任務失敗，其他在執行中的任務還是可受到保護。

安全保護能力：即不讓使用者在沒有得到對方同意下，便可以進入對方的檔案內。

為了在企業區域網路世界中一顯身手，NT被設計成能與各種現有應用軟體及周邊硬體溝通，如NT可以和六百多種印表機一起工作，可以辨認各種數據機或其他的電腦等。此外，NT必須能完全的執行頗受歡迎的WINDOWS程式。由於NT太複雜了，所以其程式碼變得十分龐大，在PC上執行時，至少要用到12至16MB的記憶體。

英特爾新微處理器

面對強力競爭

英特爾又要推出新一代的微處理器，爲什麼需要新的微處理器？可從外在的「壓力」觀之。

還記得1991年4月康柏爲了獲得「更有力」的微處理器進軍伺服器、工作站市場。出錢出力支持「先進視算連盟」。後來由於英特爾“X86”電腦業績不振，出現了公司首次季虧損，康柏不得不陣前抽腿，全力轉進於“X86”電腦發展，最後引爆「低價電腦風潮」，讓康柏鹹魚翻身，再度坐上PC界老大王座。

康柏和其他諸多X86陣營的系統廠商一樣，當然希望英特爾第五代微處理器趕快問世以強化“X86”伺服器、工作站的競爭力。

此外，微軟跨平台的網路作業系統——“WINDOWS NT”，已和各「精簡指令集」的機器連氣通聲。迪吉多的阿爾發晶片就打著「NT最快速的執行平台」之旗號爲號召。反觀486機器面對著這個擁有430萬條指令的高階作業系統，執行起來卻顯得有些力不從心。

看來，如果英特爾不即早推出更強的微處理器，難保那些想在伺服器、工作站市場大顯身手的X86系統廠商，不會再發生「叛逃」事件。當然了！英特爾自己也想入侵昇陽、惠普的伺服器、工作站市場。

資訊狂潮一波未平一波起，面對著「精簡指令集」、網路環境等諸多挑戰，英特爾仍不可片刻歇息，不然，也許一不小心王朝頃刻滅頂，毀滅於瞬間。

引爆軟體漩渦

新微處理器是引爆點

再從另外一個角度來看爲什麼需要新的微處理器？市場會接受嗎？

英特爾總裁葛洛夫認爲，PC的市場是由一種稱爲「軟體漩渦」的力量來推動的。

愈先進的軟體，除了功能愈強大外，也被要求要愈易於使用（人性化），這使得軟體程式愈形「肥大」，微處理器要做更複雜的工作，使現有的硬體難以勝任。因此，每一代軟體都會讓使用者必須換用更具威力的微處理器、更大容量的記憶體。這就是帶動PC的「軟體漩渦」。

看看PC試算表的演進，從簡易的Visical，到有圖表及資料庫功能的Lotus 1-2-3，以至圖形介面且功能強大的Excel試算表。其主程式不也由Visical一塊磁片數百位元組，「膨脹」至Excel的數塊磁片、數千位元組。

比爾蓋茲曾說：「電腦學人比人學電腦還快」。「殺手級」軟體所新增的功能及愈趨「人性化」的操作方式，往往散出發「致命的吸引力」，讓人捨不得不用「它」。不過，爲了「伺候」這些愈形「肥大」的軟體，硬體平台也從最初效能有限的

APPLE、PC到頗具威力的麥金塔、386、486之上。

由此可見一代接著一代的軟體，讓使用者必須換用更具威力的微處理器、更大容量的記憶體，方能「享有」新軟體之「善果」。

但是，軟體更新的速度一向「跟不上」硬體（微處理器）每十八個月性能倍增之速度。所以，每一代微處理器問世後，往往須苦熬一段時間，方有能發揮新微處理器效能的軟體出現並引爆「軟體漩渦」，新微處理器方能躍爲主流。

難怪，每次總是英特爾先推出微處理器，然後才有引爆「軟體漩渦」的軟體出現，帶動「新」PC的市場需求（如386、486與WINDOWS、WINDOWS 3.1）。這是因爲人們「用」的不是「微處理器」，而是必須透過「應用軟體」方能感受到硬體效能之進展。

其實，英特爾一貫的經營策略，就是不斷提升微處理器的性能與應用層面（從運算、文字處理的功能至多媒體、通信功能），不斷推出功能更強大的微處理器，擴大個人電腦市場，從而擴張微處理器的需求。

由此觀之，雖然推動PC需求的「漩渦」是由軟體引爆，但英特爾微處理器卻往往扮演著「引爆點」推手之角色，預先推出效能較強、有新功能的微處理器，來執行新一代軟體。

下一個推動PC市場的「軟體漩渦」是何方神聖呢？是何種新需求？英特爾總裁老葛認爲，下一個推動PC市場的「軟體漩渦」將架構於影音多媒體、網路、通訊的應用軟體之上。

於是英特爾將影像、聲音、電子郵件和共享資料檔案的能力，納入新一代的Pentium微處理機中。換言之，「善於處理影像、通訊」的賣點，將讓使用者爭相購買英特爾第五代的"Pentium（586）"微處理器。

網路上身新世紀

多媒體、網路的需求前面已經談了許多，於此不再贅述。電腦又為如何與「通訊」扯上關係呢？或許現在您還搞不清楚。換個方式來講，說起「網際網路」這四個字，您可能就恍然大悟了。

到底「網際網路」為何於90年代初崛起？憑什麼引爆新一波推動PC市場的「軟體漩渦」呢？

隨著資訊科技快速進步，語言、文字、影像、音響、動畫等，都可以用0與1來表示。若將這些資料以數位化存入電腦記憶體，並透過到處都有的通訊網路（如電話）來傳輸，供人們在任何時間、任何地點透過「電腦」隨意取用，這條資訊高速公路將可改變人類的生活。

把圖書館內的文字資料數位化，可在家中，透過通訊網路與圖書館的電腦連結，透過家裏的電腦即可暢遊書海、擷取所需資料。將博物館的珍藏數位化，人們在家中，即可漫遊世界著名博物館，賞玩古今文物。

將商品或型錄電子化、把老師教學實況數位化，或相隔千里進行視訊會議等等。透過四通八達的通信網，在自家就可逛街購物、上學、開會辦公，這條「資訊高速公路」對人類未來對工作、生活與經濟的影響在範圍與深度上十分深遠，且將改變人類生活、工作甚至思考方式，資訊高速公路將是把人類帶往未來新境界的一條大道。

說得淺顯一點，你打電話到「台灣博物館」，頂多只能透過館方人員得到有關「台灣文物展」的訊息。若利用數據機與電腦連線，連到博物館的網站上，透過電腦螢幕，你可以看到的卻是「互動式」的影音資料。

進入「台灣博物館」的網站後，首先映入眼簾的是「台灣博物館」雄偉的照片，並有許多視窗分區，如「本館簡介」、「展覽特報」等。

你用滑鼠點取「展覽特區」後，所有「台灣文物展」中的文物照片和文字說明，皆可呈現於電腦螢幕上，任你細細品玩。

「網際網路」的熱潮自90年代初期開始蔓延，其源自於60年代美國政府的研究計畫。美國國防部希望促使電腦間相互溝通訊息，利用電腦的命令和控制訊號來組控軍隊的人力、物料資源，以便戰時能全體動員。

軍隊並不侷限於陸上，連海上的軍艦也要靠衛星，而到處移動的汽車則依賴無線電波來輔助通訊。所以，這個計畫即要想辦法把衛星、無線電以及既有的電腦網路連成一氣。

1969年完成的“ARPANET”是架構在電話網路之上。

1977完成無線電及衛星頻道作資料傳輸，成功的初步整合全球網路。80年代之後逐漸擴及大學院校，供師生從事學術研究時使用。1990年，美國政府解除Internet不得有商業性應用之禁令，使用成暴增之勢。

隨著電腦的普及和成熟，資訊的分配和傳送成爲時代的新議題。爲了迎向資訊時代的來臨，1993年2月，柯林頓總統頒布了「國家資訊基礎建設」之計畫，積極整合現有的電信網路（有線電視網、無線通訊網、衛星通訊系統與電信網路之結合）並規劃建設新的寬頻網路（如：光纖網路的建設）、推廣「網際網路」的應用，藉以挹注國家新的活力，提升國家競爭力。

柯林頓總統明白的指出，資訊高速公路建設的效益，到公元2007年時，將使美國國民生產毛額增加1940到3210億美元，國家生產力提升20%到40%，降低教育成本30%，節省醫療資源600億美元。

世界各工業先進國家，紛紛起而效尤，亦如火如荼地展開其資訊基礎建設計畫，在這種情況下，「網際網路」熱潮瞬間席捲全球。

早期網際網路上的資料，是以文字爲主。1989年一位物理學家希望在線上發表影音並茂的研究結果，因而在Internet上自行發展出全球廣域網（World Wide Web: WWW）。WWW的最大特色是能夠提供多媒體型態的任何資料，舉凡圖片、動畫、聲音都可以在WWW的畫面上呈現。

其後，一群國家超級電腦應用軟體中心學者設計出一個可以瀏覽WWW的Mosaic（魔賽克）程式，免費提供大眾使用，促成WWW的大為風行（註：透過魔賽克這類瀏覽程式，方能「看見」全球廣域網上的影音效果，魔賽克的用戶端網路軟體，被稱為「瀏覽器」）。

1994年設計魔賽克的原班人馬已自行創業，成立網景（Netscape）軟體公司並發行商業版的軟體——Netscape，一些軟體公司也投入這新興市場，推出各種「瀏覽器」。

Netscape等瀏覽器的成熟、全球資訊網所呈現多媒體互動的吸引力，再加上政府媒體的推波助瀾，讓Internet的使用者成倍數擴張，再加上政府、媒體的強力影響下，全世界各地掀起了Internet的發燒熱。

Internet本是學術和非營利性質的網路，「放任」及「免費」為其特色。網景洞悉Internet這種文化，深知要從「網路族」上拿到錢，不啻難如登天。所以，網景的「瀏覽器」軟體可以從網路上免費下載「試用版本」。

網景並不斷的修改「瀏覽器」軟體的缺點，加入新功能，不斷推出新版本，讓使用者一直保持新鮮感，這使得網景的「瀏覽器」軟體——領航器（Navigator），市場占有率達85%，成為Internet新興市場的龍頭。

網景以「瀏覽器」軟體霸主之尊，和各線上服務業者結盟並在市場上不遺餘力地推廣線上購物、電子出版以及在企業內部建「網站」的概念，加上“Internet”之風正熾，媒體大幅的報導，使得網景聲名大噪。

1995年，這個成立不到兩年、營收未達損益平衡的公司便籌劃要將股票公開上市。網景崛起於網際網路，無異是「資訊高速公路」的先鋒，投資客對網際網路、資訊公路的諸多幻想與期待，全都投射其上。網景股票掛牌第一天的股價旋由28.8跳至58.25美元，一天即賣出1千3百80萬股，進帳20億美元。

網景帶領世人進入「網際網路」這個令人目不暇給的世界時，偌大的微軟公司只有四個人負責網路軟體Explorer（探險家）的開發工作。微軟耗資數億將全部力量集中於“WIN95”的發行，企圖利用“WIN95”再造風雲、延續霸業。

網景的異軍突起，讓微軟的霸業出現缺口，比爾蓋茲顏面大失，但面對著網路洪流，比爾蓋茲也有了新體認，「如果微軟尙未意識到Internet的前景，那麼『視窗』最終將成爲歷史」。

於是軟體調整策略，砸下20億美元，原來四人的網路開發小組，迅速擴張爲600人。比爾蓋茲並作出「微軟公司所有計畫和產品都重新定位到Internet上」的重要決定。

在「網際網路」的煙花中，微軟與網景的爭鬥，將成爲「軟體世界」的新戲碼。

以「軟體漩渦」的觀點來看，「上網軟體」所帶來的新需求，無疑的是推動PC市場的「軟體漩渦」（有多少人爲了「上網」而去買電腦）。其實，除了「上網軟體」外，比爾蓋茲最關心的「作業系統」，何嘗不是另一股「軟體漩渦」呢？

WIN 4.0及WIN95問世

個人電腦作業系統長久以來即為微軟的DOS所壟斷。隨著軟硬體技術的進步，DOS所提供的16位元、單人使用、缺乏網路功能的環境，早已無法滿足使用者的需求。不過，「視窗」的推出，讓DOS得以借屍還魂，繼續維持其在個人電腦龍頭地位。

由於「視窗」只是一個操作介面，必須架構在DOS之上才能執行，所以「視窗」仍背負一些DOS的包袱。

90年代，微處理器架構已從32位元邁向64位元，隨著資訊高速公路、分散式處理的發展，使用者迫切的需要更快速、具多工功能及網路能力的系統軟體。許多軟體廠商紛紛推出最新的產品，如IBM新版的OS／2、蘋果電腦的麥金塔等，希望能繼“WINDOWS 3.1”後，成為下一代個人電腦作業系統的主流。

這其中最受人矚目的無疑是微軟的動向。微軟原預定1993年底，推出具備多工處理能力、內建網路、32位元架構的“WINDOWS 4.0”作業系統。

“WINDOWS 4.0”是WINDOWS 3.1的「正宗」接班人。此

外，“WINDOWS 4.0”具備高性能及友善的操作介面，若能順利被市場接受，極有可能推動另一波電腦搶購熱潮。業界皆看好它所引爆的「軟體漩渦」能刺激市場買氣，對其殷望不已。無奈“WINDOWS 4.0”的上市日期一延再延，從1993年底、1994年中，延至1994年12月。

後來，“WINDOWS 4.0”乾脆易名爲WIN95，預計於1995年初販售，但仍又延至該年8月。就在業界紛紛猜測WIN95會便成WIN96之際時，1995年8月，微軟終於「如期」的推出WIN95。

微軟在WIN95中加入了網路功能，搭售自己開發的「探索者」（Explorer）瀏覽器軟體，以滿足消費者「上網」的需求，對瀏覽器軟體市場上的年輕霸主網景回敬一擊。

當然了，功能越強大、能做愈多事的軟體，需要更強的中央處理器、更多的記憶體方能「載動」其龐大的程式，所以，消費者又必須將486電腦換成Pentium（586）了。

Pentium處理器上市時的行銷策略，本就是要與“WINDOWS 4.0”相互搭配，彼此拉台聲勢，重演當年386搭配WINDOWS，486搭配WINDOWS 3.1的歷史。不過，“WINDOWS 4.0”一再後延，Pentium反而是搭上多媒體及網際網路熱潮而上市銷售。

486 PC執行多媒體功能時，由於「微處理器」效能不足，使用者必須額外購買「視訊卡」，然後得捲起袖子，自行拆開電腦機殼將之「裝」在主機板上，讓電腦利用「視訊卡」上的「數位訊號處理晶片」運算，方能享受多媒體之善果。

鑑於電腦消費市場將興起，未來的電腦將像家電消費產品一樣，不應再有「附加卡」之類的「東西」來麻煩消費者，因此英特爾的策略是把所有的功能設計在微處理器上，並著手改進個人電腦的架構，讓個人電腦的整體性能隨著微處理器的世代交替而並進。

所以，英特爾將影像、聲音、電子郵件和共享資料檔案的能力，納入1993年3月推出的第五代X86微處理機——Pentium。如同英特爾宣傳廣告所宣稱的，「要達成電腦的多媒體聲光效果，順暢的執行WIN95、NT或OS／2作業系統，暢遊Internet／WWW，體驗全球連線的感覺，就需要一部運算能力超強、執行速度夠快夠辣的CPU（微處理器）。Pentium正是您的最佳選擇。」

除了微處理器效能的改進外，個人電腦延用已久的「工業標準匯流排」（資料通道）效能不足，造成資料輸出入的瓶頸，一向是個人電腦性能提升的阻礙，這亦是個人電腦圖形處理能力始終比不上工作站的原因之一。

匯流排（Bus）是微處理器、記憶體與外部元件傳送資料的共同通道，功能類似公路，所有的資料都要在這條公路通過。

在視窗、多媒體當道的環境裏，應用程式必須處理大量圖形資料，「工業標準匯流排」傳輸速度慢，16位元的寬度，早已不敷使用，反而拖慢了個人電腦的整體速度。

爲了消除這種「跑車開在慢車道」的窘態，使電腦整體系統架構能跟得上微處理器的運算能力，許多新的匯流排架構紛紛出現。英特爾亦於1992年發表32／64位元的PCI匯流排，讓個人電腦性能有所突破，以適應視窗、多媒體環境，甚而向上挑戰工作站。其實，電腦系統所一直追求的，只是希望PC能有更高的傳輸頻寬，以面對日亦增加的資料傳輸率。

1992年，英特爾推出支援PCI匯流排的晶片組，讓系統廠商可以儘快開發出PCI規格的電腦問世，以推廣PCI匯流排。不過在1993、1994年間，32位元的486時代，由“VESA”視訊電子產業聯盟所制定，32位元的“VL-Bus”，方是主流。

隨著Pentium微處理器的問世，英特爾於1995年推出第一代的Pentium晶片組（註：「晶片組」是用來協調「主機板」與各元件間的工作，如與微處理器和各裝置之間的溝通，及匯流排的資料傳輸等）新架構的586電腦由Pentium微處理器，配合機板上的晶片組，加上多媒體撥放程式即可代替「數位訊號處理晶片」的功能，這可以減少或免除加裝多媒體附加卡，省去調整及安裝上的麻煩，無論就人工、材料或作業成本而言，皆可達到節省的目的。

英特爾想藉由此方式降低多媒體個人電腦系統售價，使消費者願意使用Pentium微處理器，並藉由設定規格擺脫其他競爭者的威脅。

雖然，面對著「精簡指令集」工作站的攻勢，英特爾始終有驚無險、屹立不搖，但競爭者的攻勢不曾稍歇，如今又有微軟跨平台的網路作業系統——“WINDOWS NT”的相助，另一方面，超微等廠商的486微處理器也陸續推出了，仍對英特爾形成壓力。

由於Pentium微處理器是新一代的產品，要設計Pentium電腦比486電腦困難許多，整個記憶系統必須重新設計，如何採用新的PCI晶片組及快速圖形處理，也都是大工程，對系統製造商而言是一個新的挑戰。

為了替Pentium PC護航，刺激產品的世代交替，英特爾破例跨足下游市場，擬定“1.2.3”的策略目標，訂定於1995年生產1000萬片主機板、2000萬片晶片組、3000萬顆Pentium微處理器，以方便系統廠商製造Pentium PC，讓市場快速轉向Pentium（586）世代。

英特爾“1.2.3”行動的消息一傳出，立即對全球第一大主機板、晶片組生產國——台灣造成震撼。

就這樣，在多媒體、網際網路所架構的絢麗舞台，依舊是煙硝味十足的氣氛中，個人電腦產業走進了「網路奔騰」世代。

WINTEL帝國誕生

486微處理器推出四年後，英特爾在1993年3月推出的第五代X86微處理機。由於美國法院曾判決，數字不可以作爲商標的事件，爲了避免競爭廠商的微處理器，也取名586來搭順風車，甚至造成混淆，於是英特爾第五代微處理機，就取了個新的名字Pentium。

“Pentium”，這個名字中“Pent”，在拉丁文是第五的意思，代表此微處理是第五代。以“ium”爲結尾，是因爲許多電腦元素都以其結尾，這顯示“Pentium”是電腦的構成要素。

Pentium並非只是「比較快」的486而已，他是一顆「超純量架構」的微處理器。Pentium的微處理器的解碼／執行管線有兩條，能夠在一個週期內，執行兩道指令。比傳統486、5X86微處理器，只有一個解碼／執行管線，只能在一個週期的時間內，執行一個指令快一倍。

Pentium具有重新改良過的浮點運算單元，它執行數學運算的速度，比傳統486，快上三到五倍。此外，他是一顆（外部）64位元的資料／記憶體匯流排之微處理器。Pentium所含有的電晶體數目是486晶片的兩倍以上，而且執行軟體的速度也快兩倍以上。

首先問世的Pentium微處理器工作頻率為60MHz，定價約是1000套850美元（台幣2萬5千元）左右。速度較快的P-66每套價格為995美元。

初期，Pentium被定位在高階市場，康柏、戴爾等公司，藉著Pentium這一高性能新晶片，增強伺服器（連接桌上型電腦網路）及工作站的競爭力。

康柏推出一種售價18000美元的高階層次伺服器機種，此機器將針對工作站迷你電腦市場。康柏另一種功能較遜的Pentium伺服器，售價6300美元。

系統產商對Pentium的熱烈需求卻令英特爾陷入兩難之境。英特爾一方面要儘快增產Pentium，以免客戶抱怨供應不足，但另一方面又不能讓Pentium增產得太快，以免吃掉獲利性仍極高的486晶片的產品。

1994年，Pentium晶片的競爭者紛紛出現，摩托羅拉的Power PC晶片，性能跟Pentium差不多，但價格卻更便宜。迪吉多公司亦推出採用自己的阿爾發微處理機的PC。此外，超微、新瑞仕等廠商的486微處理器也陸續推出。486微處理器競爭產品眾多，利潤大幅降低，讓英特爾漸有食之無味之感。

1995年英特爾開始「促銷」Pentium微處理器，至1994年第三季，P-60已淪為“Pentium入門產品”，其售價被腰斬過半，一般使用者也漸漸的可以親近Pentium級微處理器，Pentium級微處理器漸成主流。

無庸置疑，英特爾推出新微處理器的腳步是不會停止的，7月P-120問世，成了新旗艦，其價位仍維持在兩萬多台幣的水準，以滿足高階使用者的需求。

其後，在「無間隙行銷」的策略下，英特爾又陸續推出「一卡車」的Pentium微處理器，工作頻率從100、120、133、150、166到180MHz、200MHz的微處理器應有盡有。各微處理器的價錢，在問世之初，都有兩萬台幣上下的身價，但隨著工作效率更高的微處理器問世後，就開始定期降價。如此，完整的產品線和具滲透性的價格策略，讓對手無隙可乘。這也使得消費者在年初所買的一、兩萬元的微處理器，到年底時往往只剩「數千」元之價位。

1995年8月"WIN95"問世，買Pentium微處理器與之搭配更是理所當然的事。此時，P-75、90因爲價格過低（跌破台幣3000元）已經停產。P-133則成了報紙、雜誌上建議的"WIN95"執行平台。

1995年8月24日，歷經了四年的研發，及數次「黃牛」的紀錄，WIN3.1的接班人——WIN95終於「如期」上市。

其實，WIN95上市之前一次又一次的延期，反而讓WIN95屢屢曝光於媒體上。美國司法部、歐盟對微軟展開的反托拉斯法調查及對手廠商的攻訐，也讓WIN95「因禍得福」，未推出先轟動，造成消費者期待的心理。

及至WIN95現蹤，全球各大傳媒體當然更是「義不容辭」的大幅報導，讓「WIN95上市了！」這個訊息傳播至世界每一個角落。

一些知名的顧問公司更「預估」，微軟會在年底前賣出三千萬套WIN95，在兩年內WIN95將替微軟賺進70億美金。而執行"WIN95"所需更快的Pentium處理器、更大的記憶體需求，則被視爲整個電腦界的大利多、延續業界自1983年來榮景的指標。

除了媒體免費的「報導」支持外，各大電腦公司，也熱烈的投向WIN95的懷抱，不用說康柏、戴爾等公司，連有自己新版OS／2作業系統的IBM，都和微軟簽約，在其推出的PC中，內建隨機版的WIN95。此外，全球各主要的PC賣場，也同聲響應，在8月24日當天清晨零時起，舉行了兩個小時的WINDOWS 95大特賣，以吸引「舊」消費者將WIN3.1升級成WIN95。

微軟於「WIN95誕生日」投下了兩億美金的促銷經費，在全球四十多個城市，舉辦嘉年華會般的發表會，讓WIN95在魔術、現代舞等表演活動和免費的漢堡、可樂、薯條，所構成的歡愉氣氛中，呈現世人面前。

WIN95的推出可謂是「轟動武林，驚動萬教」，這種塑造「超人氣偶像般」的行銷手法，不僅讓資訊界看傻了眼，全球商界亦爲之稱奇。

WIN95浩大的聲勢，讓一般人以爲這產品有多神奇，其實內行人都知道，WIN95並不比麥金塔操作系統及新版的OS／2高明多少，只不過在高明的行銷手法包裝下，和一般消費者「不願學習新軟體」的惰性、「西瓜偎大邊」等心態下，技術層面上的高低已不是這麼的重要。所以，儘管各方評價不一，初上市的WIN95仍造成搶購熱潮。

初期就購買WIN95的消費者，多是剛買電腦或是「玩家級」的消費者，較保守的企業用戶則要等個半年、一年，確定系統的穩定性和相容性後才有可能跟進。

至於一般消費者，多半是撐個一、兩年後，看到WIN95的使用者日漸增多，「也不得不」購買Pentium處理器、加裝記憶體，將作業平台換成WIN95。一些手腳較慢的使用者，過一陣子可能又會在報章媒體看到WIN98、Pentium II的種種消息。

就這樣又一波的世代交替完成了，“Pentium＋WIN95”成功的接下“486＋WIN3.1”的棒子，繼續延續著英、微霸業，成就WINTEL帝國。

英特爾藉著微處理器速度、性能之持續進步，讓使用者掉入永遠的升級輪迴，並與微軟密切合作組成策略聯盟，透過雙方軟、硬體互相搭配結合的優勢，成功的壓制其他不同陣容的入侵。目前全球90％的個人電腦是操控在英特爾及微軟兩大巨人的手中，形成一股WINTEL的旋風。英特爾掌握電腦運作的心臟——微處理器，而微軟則主宰電腦的操控核心作業系統（DOS、WINDOWS），這就是當今電腦業界中的WINTEL帝國。

雷聲大雨點小的英特爾風暴

1995年財經新聞有一件大事，即一般稱爲「英特爾風暴」的電腦主機板震撼。當時有一段時間每天的財經新聞都可看到「英特爾」的新聞，「英特爾」這隻怪物輕輕的打個噴嚏、開個記者會總會波及台灣電子股的漲跌，當時台灣的股市正是電子股的當紅時代，電子股一舉一動都影響到台灣股市的情況。

「英特爾風暴」就是我們前文所提到的1995年初，英特爾爲使486轉向Pentium，刺激產品的世代交替，破例跨足下游市場，擬定“1.2.3”的策略目標，訂定於1995年生產1000萬片主機板、2000萬片晶片組、3000萬顆Pentium微處理器，以方便系統廠商製造Pentium PC，讓市場快速轉向Pentium（586）世代。

英特爾“1.2.3”行動的消息一傳出，立即對全球第一大主機板、晶片組生產國——台灣造成震撼。

因爲英特爾所要生產的1000萬片主機板等於台灣所有業者一年的總和，加上英特爾本身在電腦心臟「微處理器」的主導技術，讓國內廠商對「英特爾」由愛生恨，大家都痛恨老大會什麼要和小弟搶飯吃呢？以往老大賺大錢，小弟賺小錢不也讓台灣博得「全球第一大主機板王國」的美譽，如此共繁共榮，有錢一起賺不是很好？

所以當時國內主機板業者都處於風聲鶴唳、草木皆兵的緊張氣氛之中，甚至有一種「產業將亡」的悲淒味道。

當時「大眾電腦」董事長簡明仁卻老神在在，一副啥米攏嘸驚的樣子。他的看法很簡單：「英特爾技術能力強，但台灣廠商跟進的能力也不差。但是對利潤是50％甚至60％的大企業來說（英特爾單顆微處理器的獲利可以高達五成以上）絕對搞不來這種利潤祇有4%的產業（主機板約只有4%的利潤）。」

果然「英特爾風暴」的大結局正如簡明仁所預料的，習慣吃香喝辣，賺大錢的英特爾還是不習慣賺「主機板」這種辛苦錢，以1996年第一季而言，英特爾一年只做不到800萬片，而且還造成一堆庫存的損失，英特爾最後眞的玩不下去了。

英特爾徹底覺悟到辛苦錢的難賺，從此不再爲難台灣的小老弟，更緊密的與之達成策略連盟，至此「鴻海」等公司成爲台灣股市的「英特爾概念股」，與英特爾福禍與共。

至於晶片組方面，因爲晶片組是溝通微處理器與各元件的橋樑，而微處理器是英特爾生產的，所以自英特爾介入晶片組生產之後，在晶片組市場上短期內其占有率就達到90％以上，美國廠商偉矽科技及台灣聯陽等都不得不退出晶片組市場，市場僅剩威盛、矽統、揚智三家廠商咬牙苦撐。「英特爾風暴」就這樣幾家歡樂幾家愁，雨過天青，慢慢的結束了。

第十四章 跳出升級輪迴

英特爾利用其優勢的技術慣例：每十八個月，單一微處理器之電晶體加倍的摩爾定律；藉此塑造人們對微處理器速度性能之持續進步的渴望，並與軟體霸主微軟密切合作，組成策略聯盟，共同推動個人電腦的「升級輪迴」，讓使用者掉入永遠的升級輪迴之中。

隨著網路浪潮的蔓延，「網路電腦」提供了一個可以跳出「升級輪迴」的機會。由昇陽、甲骨文、IBM、蘋果等公司組成的網路電腦陣營，一開始就宣布要把這個世界從WINTEL帝國的桎梏中解放出來，他們會成功嗎？

從1981年IBM PC至90年代的Pentium，電腦從畫面單調、操作不易的事務性機器，蛻變爲目前具人性化的操作介面、影音效果一應俱全的消費性電子產品。

電腦廠商把愈來愈多的功能及各種軟體放進個人電腦，讓使用者能在電腦上做更多事情，結果電腦裡存了成千上萬個檔案，讓使用者不禁擔心：「該怎麼維護這麼大量的資料？」因此使用者不斷需要功能更強的硬體。

在享受文明的善果之際，這樣的過程，對於消費者而言卻帶著幾許的恐怖與不安。因爲產品的生命週期短如朝露，消費者必須面對著今日剛買的「最高階產品」，一下子就成了商品市場上昨日黃花的殘酷事實。此外，整個升級過程的複雜、消費支出，亦令人難受。

不妨打個簡單的比喻：當消費者想將家裏的黑白電視機換成彩色電視時，消費者要做的只是到商品市場上買一台彩色電視機，就可以立刻享受到所謂，高畫質、高音質、聲光效果俱佳的新一代電視機。

但在電腦世界裏，一台普通的電腦要將之轉變成多媒體電腦那可就工程浩大了。除了換一個顯示器外，中央處理器來執行龐大的多媒體程式，其效能是否足夠？記憶體的容量夠大嗎？此外，音效、音源的輸出等技術層面上的問題都是必須考慮到的。總之，這是一件工程浩大的事，而這轉換的過程，對於一般消費者而言不啻是一種折磨。

這或許是因爲資訊業是個新興的產業，所以資訊產品還有很大的發展空間。但不可否認的，英特爾利用其優勢的技術貫徹創辦人摩爾所提出：每十八個月，單一微處理器之電晶體加倍的摩爾定律；藉此塑造人們對微處理器速度性能之持續進步的渴望，並與軟體霸主微軟密切合作，組成策略聯盟，共同推動個人電腦升級輪迴，讓使用者掉入永遠的升級輪迴……

微軟爲取得在作業系統市場上的勝利，不斷在作業系統上加入新功能，冀望藉著先進的功能來吸引使用者的目光。從DOS到WINDOWS、WINDOWS 3.x升級到WINDOWS 95，作業系統對於硬體配備的要求愈加嚴苛。視窗的每一次推出，都造成硬體更新風潮的湧現，使得英特爾的微處理器得以快速的占有市場。

目前全球90%的個人電腦是操控在英特爾及微軟兩大巨人的手中，形成一股WINTEL的旋風。英特爾掌握電腦運作的心臟——微處理器，而微軟則主宰電腦的操控核心作業系統（DOS、WINDOWS），形成幾乎獨占的局面；這就是當今電腦業界中的WINTEL帝國。

面對著永無止境的挑戰，WINTEL帝國似乎總是扮演贏家，但對手仍然永遠不會停歇。在1997年裏WINTEL帝國更面臨兩股勢力的強力挑戰。

首先，英特爾的主要競爭對手，超微及新瑞仕與英特爾產品推出的時差已逐年縮減。在英特爾推出內含MMX功能的第六代微處理器後不久，超微、新瑞仕馬上跟進也推出相同功能且更具價格優勢的微處理器，對手亦步亦趨讓英特爾覺得芒刺在背，那知「低價電腦」之風再起，霎時間情勢逆轉超微、新瑞仕微處理器成了市場的最愛，對英特爾形成強力的威脅。

英特爾當然不會坐以待斃，降價、訴諸專利、換個樣子另建架構等手段一一出籠，但「英特爾霸業不再」之聲，仍不絕於耳。

另一項全新的挑戰來自對個人電腦的全面顛覆。隨著網路浪潮的蔓延，「網路電腦」提供了一個可以跳出「升級輪迴」的機會。由昇陽、甲骨文、IBM、蘋果等公司組成的網路電腦陣營，一開始就宣布要把這個世界從WINTEL帝國的桎梏中解放出來！他們會成功嗎？

佛家認爲，世界眾生莫不輾轉生死於六道之中，如車輪旋轉是謂輪迴。事實上觀諸於整個人類的歷史，不管是何等震古鑠金的大帝國、大企業也逃不過興、榮、枯、寂的輪迴。所以甲骨文總裁賴里．艾利森（Larry Ellison）自信滿滿的說道：「羅馬帝國都會垮，憑什麼微軟不會？」他們要以網路電腦，終結微軟的個人電腦霸業。

面對著這次的挑戰，WINTEL迅速的做出各種反擊，或許WINTEL帝國還能安然地度過二十世紀，但下一個世紀呢？

歷史上沒有任何人、任何大帝國、大企業可逃過興、榮、枯、寂之輪迴，WINTEL帝國可以嗎？

多媒體精靈——MMX

雖說Pentium處理器如日中天，但英特爾爲了加速微處理器的改朝換代，於1997年1月推出內含MMX（多媒體延伸）技術之處理器——Pentium MMX-166、200、頂級的233MHz；微處理器的電晶體數量增加爲450萬顆，其插槽規格也演化成SOCKET 7（321隻接腳）。

到底內含MMX指令集的Pentium處理器，有何特殊功能，可提升更好的影音品質呢？

由於多媒體與網際網路的應用往往需要耗費大量的資料運算，這部分並非微處理器所專長，常常必須倚賴其他硬體上的專門處理晶片（如音效卡或其他的繪圖晶片）來代勞。

MMX就是被設計用來豐富，並加速PC的多媒體、通訊處理，當它內含在微處理器裡面以後，微處理器對這些多媒體資料的處理速度將有50％到100％的大幅提升。所以，MMX是專門用來對付多媒體及網路通訊應用的利器。

簡單講，英特爾在Pentium處理器上加上了57組MMX指令集，並對多媒體及通訊的資料型態做了幾種新的定義。所以資料被執行時，被整合成一個64位元的長度，讓MMX新增的指令可以一次處理這64位元長度的資料。

舉例而言，多媒體資料中的音訊資料常以16位元爲取樣單位，可以一次處理這64位元長度的MMX指令一次就可以處理4個音訊單位，而視訊圖素若以8位元表示，則MMX一次就可以處理八個圖素。所以，這種單一指令可以處理多筆資料的方式，在資料龐大的多媒體應用上速度能夠大幅加快。

應用程式若以MMX指令集改寫，在多媒體影像處理、音波合成等處理速度將能增建其效率。所以英特爾說：「爲了追求更好的影音品質，請採用內含MMX指令集的Pentium處理器。」（註：由於Pentium MMX微處理器的電壓、接腳與Pentium不同。所以想升級至P55C〔Pentium with MMX的代號〕處理器，必須連「主機板」一起更新，再玩一次升級的遊戲。）

給我MMX其餘免談

在英特爾的強力促銷下，“MMX”成了當紅炸子雞，“MMX”三個字母充斥各電腦賣場與媒體版面，成了消費者注意的焦點。雖然，一般人實在搞不懂“MMX”到底是何方神聖，但一時間不含“MMX”功能的微處理器，成了落後的代名詞，只能獨自躺在櫥窗暗自垂淚。

由於，“MMX”是由英特爾主導的規格，最先量產上市的當然也是英特爾自家的產品。1997年1月英特爾推出內含“MMX”的Pentium MMX-166、200、233MHz。看來，英特爾似乎又在超微、新瑞仕的前進之路上丟出了一塊阻路大石，打算獨享“MMX”的市場大餅了。

英特爾爲了促使內含MMX指令之微處理器早日成爲業界標準，而將MMX的技術授權給超微、IBM使用，希望在大家一起努力下，內含MMX指令之微處理器，能早日取代Pentium處理器。英特爾心想，「那些跟屁蟲一定必須花好幾個月，才能完成內含MMX指令之微處理器的開發，到時候我家（英特爾）的新產品又出來了，Pentium with MMX已成『過氣』產品，可以『低價』求售，讓『跟屁牌微處理器』沒好價錢賣……」

英特爾的夢魘

超微K6處理器

從386到586（Pentium）時代，英特爾總是靠著其優勢的技術能力，領先競爭廠商一年以上的時間，獨家推出新微處理器，獨享高獲利的先期市場。但至MMX時代，其他競爭廠商的實力也非吳下阿蒙了，雙方差距逐漸拉近。

在英特爾推出“MMX Pentium”三個月後，1997年4月超微即發表與“MMX Pentium”正面競爭的產品——K6處理器。該產品標榜與MMX架構完全相容（P6等級），推出的時間點亦相同，且售價低於英特爾產品，英特爾終於踢到鐵板。

初期K6推出了166／200／233MHz版本。該產品發表後，其高速的性能令人爲之驚豔，32位元程式的處理效率甚至比“MMX Pentium”高出許多。

K6其實是由Nx686改良而成，Nx686爲NexGen公司所發展，在超微併購NexGen之後，便放棄原先自行發展的第六代處理器，將Nx686改名成爲K6。K6處理器這款由超微及NexGen合作開發的產品，無論在設計、速度、規格、工作頻率都是超強的結合。

K6處理器的性能／價格比是相當吸引人。這款速度快、價格便宜的微處理器，引來全世界的系統廠商一陣搶貨的行動，造成市場的缺貨，K6處理器的卓越表現也被許多雜誌評定爲1997年度微處理器風雲產品。想當年超微原先用來對付Pentium的K5處理器，因而延遲出貨，造成超微重大虧損，並喪失市場的占有率，K6總算讓超微出了一口氣。

K6的推出迫使英特爾使出最常用的伎倆——降低價格。和以往不同的是，以往英特爾是吃飽、賺足了才降價，這次才推出"MMX Pentium"就踢到鐵板，馬上調低售價。"MMX Pentium"可能是英特爾有史以來最沒有賺頭的微處理器。不過超微也非全然無憂，它最大的困擾在於產量，若是能解決產量的問題，超微在這場"MMX 微處理器"的戰爭中前景看好。

K6一鳴驚人，超微似乎已經擺脫英特爾的陰影，可以一展PC市場的雄心。但英特爾亦非泛泛之輩。他們對付競爭對手的方法是多方面，無所不用其極的。除了殺價競爭外，他們也對PC製造商威脅利誘：「若採用他牌微處理器，我們就不供貨給你了……」至於訴諸法律更是其拿手好戲。

MMX商標權之爭

當初，英特爾爲了促使內含MMX指令之微處理器早日成爲業界標準，將MMX的技術授權給超微等廠商使用一起製造內含MMX指令之微處理器，讓其能早日取代Pentium處理器。

不料英特爾在MMX微處理器市場上占不到便宜。於是又祭出「法律之拳」將“MMX”當成專利名詞，禁止其他公司採用，向法院提出「超微侵犯MMX的商標權」的告訴。超微又不是第一次挨告，對英特爾的招式瞭若指掌，因此早有準備。

雖然超微K6內建完整的MMX功能，但電腦開機時秀出的微處理器型號只有“AMD-K6-233MHz”字樣；此外，K6實體的標示亦無任何MMX字樣。超微早料到英特爾會出此招，所以不留任何“MMX”字樣，以免被抓到小辮子。

法官的初判並未把MMX判定爲專利名詞，禁止其他公司採用。於是，英特爾與超微私下和解；超微承認MMX是英特爾的商標，英特爾同意超微在微處理器或文宣上，使用“AMD-K6-233MHz Enable”字樣。雖然，文字與商標權是和解了，但市場上的爭鬥恐怕正要展開呢！

Pentium II 力抗K6及M2

在MMX微處理器的競爭中，超微與新瑞仕的接連出招，使得英特爾的如意算盤面臨考驗，才推出不久的MMX微處理器就落入了價格戰的泥淖。

從386到586時代，英特爾的領先優勢逐年縮小，早期慣用的價格戰，今日已無法見效。競爭廠商步步逼近、超微K6大獲好評，讓英特爾寢食難安。但英特爾豈是省油的燈，K6發表後一個月，1997年5月其新一代微處理器Pentium II 亦正式問世。

英特爾233、266、300MHz的Pentium II 初期是針對高階／專業電腦市場，接著透過第三、第四季的降價，進一步擴大到中階主流電腦市場。更重要的是，Pentium II 是英特爾為了「徹底」阻隔競爭廠商進犯的嘔心瀝血之作。

英特爾厭倦了與各微處理器廠商的混戰，所以推出「新架構」，將微處理器外形「變個樣子」，由傳統四四方方的造型變成長方型。Pentium II 微處理器的外型像極了超級任天堂的遊戲卡匣，整個處理器採用塑膠外殼封裝起來，背面還有一塊鋁合金的散熱片。

為了因應Pentium II 微處理器完全異於傳統微處理器的外

型，英特爾特別在主機板上設計一個名爲“SOLT1”的特殊插槽，讓PentiumII插於其上，相互接合。

英特爾將PentiumII的接腳方式、“SOLT1”的特殊插槽申請專利，別的製造廠商除非獲得的授權，否則無法製造類似的產品。這些專利保護其實是英特爾爲了阻止其他相容廠商進入市場的高牆，也就在警告超微與新瑞仕等處理器廠商，「你們別想再發展相容處理器，否則大家走著瞧……」。

看來到了PentiumII之後，超微與新瑞仕就無法走與英特爾相容的政策了。當然這得視PentiumII的成功與否，假如市場順利的轉向PentiumII，超微與新瑞仕只有乖乖繳械的份了！

超微正欲藉K6微處理器一展PC市場的雄心抱負，那甘心乖乖束手就擒。新瑞仕亦是如此，1997年6月2日新瑞仕發表M2微處理器。M2微處理器當然還是四四方方造型、321隻接腳的Socket 7架構。微處理器市場的新舊之爭、長方之戰方爲展開；英特爾的策略是否奏效，還有待消費者公決。

群雄爭主流

微處理器大混戰

英特爾不想在正方型（Socket 7）的舊架構上與各家廠商混戰，所以把微處理器「變成」長方型、改變接腳規格（SOLT1）的架構，希望以其專利權阻隔市場競爭者的追逐。

英特爾陸續調降Pentium MMX與PentiumⅡ價格，希望市場快速轉進PentiumⅡ以獨享市場大餅。

英特爾的策略是，將Pentium MMX與PentiumⅡ的價位拉近，兩者差距不到一千元台幣，引誘消費者自然選「新」棄「舊」。如果消費者都買PentiumⅡ，長方形（SOLT1）架構的微處理器成為主流，那麼方型架構MMX級的微處理器就落伍了，超微與新瑞仕也該曲終人散了。

英特爾連連出招，市場對於超微K6新瑞仕M2前景多不表樂觀，認為在486時代轉換到Pentium的戲碼恐怕又再度重演，而英特爾仍舊是這場鬥爭的大贏家。

但是超微與新瑞仕表現出超強的韌性，為確保佔有率也忍痛虧損降價跟進，希望再度延續正方形（Socket 7）架構的市場壽命。而亞洲金融風暴所引發的全球性低價電腦風潮，更讓英特爾世代交替夢碎。

低價電腦風潮

康柏於1997年第二季推出一款以新瑞仕“Media Gx”晶片為主的個人電腦——Presario 2100開啓此波「低價電腦風潮」的來臨。

Media Gx晶片是新瑞仕針對不到一千美元PC設計的微處理器，是第一款以內建的軟體指令取代的繪圖控制晶片、音效卡的X86微處理器（可節省購置繪圖晶片、音效卡的成本）。這款晶片的133MHz版本只要九十九美元，價位是同等級Pentium處理器的三分之一。

康柏的Presario 2100可以流暢的執行WIN95，用來上網路、玩多媒體亦是游刃有餘，最重要的是，它只賣九百九十九美元。Presario 2100的大賣，讓各系統廠商莫不群起效尤紛紛推出一千美元以下的電腦，爭食市場大餅。

一千美元以下的價格讓PentiumII及Pentium MMX得不到多少好處。因爲，超微K6、新瑞仕M2的定價策略一向是「比英特爾低15%」。所以，他們比起Pentium MMX更易在「低價電腦風潮」中獲得青睞。

隨著康柏Presario 2100在市場上熱賣，各PC廠商亦跟進推出「低價電腦」。Media Gx、超微K6、新瑞仕M2等低價微處理器身價水漲船高，超微與新瑞仕終於鹹魚翻身、英特爾風光不再，根據資料顯示隨著「低價電腦」的風潮越燒越熱，英特爾業績下滑的現象也就越來越明顯，甚至其微處理器跌破七成的市場佔有率。

康柏的這項舉動顯然對英特爾不太友善。爲了緩和與英特爾的關係，康柏發表「採用新瑞仕的晶片，是因爲英特爾並沒有類似的產品」的聲明。

這話或許沒錯，英特爾確實沒有效能完全類似的產品，不過以往英特爾幾乎壟斷整個微處理器市場，康柏早已受不了，如今既然有機會扶植新瑞仕來打破英特爾的壟斷，那何樂而不爲？

低於一千美元的低價電腦，於1997年呈現爆發性成長空間。英特爾無視此一新興市場的崛起，仍舊沈醉在Pentium II超強的運算威力，強調高價位的市場策略，反而讓超微、新瑞仕等強調低價、高性能的微處理器有存活與壯大的空間。

台灣三大廠協助超微
合力開發晶片組

1997年間，業界有不少的新功能及規格如「AGP匯流排」、「100MHz外頻」等先被提出，以改善PC平台的效能。為了鞏固市場，超微提出"Super 7"架構，將AGP與100MHz外頻等新規格先後加入來強化Socket 7平台。

要在整個系統加入AGP與100MHz外頻等新功能，必須有「支援」這些新功能的晶片組，協調微處理器與各元件的運作（註：「晶片組」是用來協調「主機板」與各元件間的工作，如與微處理器和各裝置之間的溝通及匯流排的資料傳輸等）。

還記得1995年英特爾為了替Pentium微處理器護航，刺激產品的世代交替，跨足下游市場，擬定"1.2.3"的策略目標，於1995年生產1千萬片主機板、2千萬片晶片組、3千萬顆Pentium微處理器，以方便系統廠商製造Pentium PC，讓市場快速轉向Pentium。自從英特爾介入晶片組生產之後，短期內晶片組市場占有率就達到90%以上，美國廠商偉矽科技及台灣聯陽等都不得不退出晶片組市場，市場僅剩威盛、矽統、揚智三家廠商咬牙苦撐。

如今，英特爾放棄Socket 7（Pentium級）市場，將全部重心放在PentiumⅡ身上，當然不會爲Socket 7架構發展支援100MHz外頻及AGP的晶片組。英特爾不推出新的晶片組，也就是要逼使用者走向PentiumⅡ；但英特爾不推出並不代表就沒廠商有實力推出。

超微尋求台灣三大主機板晶片廠揚智、威盛、矽統三家廠商的支持，開發支援AGP、100MHz匯流排等規格的Super 7晶片組。

原先執行效能就不錯的Socket 7平台，藉助AGP與100MHz外頻等規格的先後加入，成爲低成本、高效能的新電腦的運算中樞，足與和SLOT1規格的PentiumⅡ系統媲美。

除了超微外，新瑞仕也遵循著Super 7的架構，讓“Socket 7”陣營在低於一千美元的新興市場領域中，獲得了前所未有的高成長率。經歷低價電腦的震撼，英特爾於1998年第一季營收預測調降10％，裁員3千人以縮減營運成本。

英特爾進軍低價市場

英特爾不想再和各大追隨者玩相容之戰所以演出金蠶脫殼的戲碼，將Pentium II的造型變了樣子，自己創了新的規格來玩，舊的規格就留給超微、新瑞仕等廠商自己去玩吧！

原本PentiumII的特點便是將原本裝於主機板的「快取記憶體」，內建到PentiumII微處理器上，這個特點有何驚人之處呢？學理上的解說過於複雜，我們可以這樣看，以往微處理器在運作的時候必須回到主機板上的記憶體去找資料，「PentiumII」直接將記憶體內建在微處理器上，就不須浪費時間到主機板去找資料，所以PentiumII效能大幅為提升，但也因為多了「快取記憶體」使PentiumII的成本高居不下，始終無法見容於低價電腦風潮，切入主流市場（想想看微處理器能有多大，如今將原本放在主機板的東西塞在其上，一定得絞盡腦汁，花費很多成本）。

英特爾既然沒有辦法阻止眾廠商爭相「瘋」這股低價電腦的熱潮，唯一的解決辦法也就只有自己跳下海，和大家一起瘋狂擁抱低價電腦。

1998年英特爾宣布停產Pentium處理器，並推出低價版的

PentiumⅡ——賽揚（Celeron）處理器，欲以低價爲誘因「強迫」消費者進入SLOT1規格。

看來，英特爾仍然堅持繼續推動長形新規格（SLOT1），但也不得不承認市場的多樣性，推出「基本型電腦」（Basic PC）專用的「賽揚」處理器，積極地將英特爾的長形新規格帶到入門級電腦中。

英特爾將PentiumⅡ減肥瘦身後，於1998年4月推出了低價的微處理器——「賽揚」266MHz。賽揚以PentiumⅡ爲班底，只是將它的512KB快取記憶體取下，並把塑膠外殼給脫了，刪減必要成本後，第一代「賽揚」微處理器就被推出了。

失去了快取記憶體的「賽揚」，在效能上的表現，可說是相當低落。會有如此低落的成績，主要是它失去了快取記憶體，也等於是打斷了它的雙腿。這一點正是它被玩家及媒體攻擊的要點。

想當年，在486時代爲了擺脫超微等廠商的糾纏，英特爾就曾將486微處理器的「浮點運算單元」拿掉，推出低價的486微處理器——“486SX”以低廉的價錢壓縮386的生存空間，如今英特爾故技重施，卻踢到鐵版。

賽揚出現的同時，競爭廠商也相繼推出新款微處理器。超微“K6 300MHz”及新瑞仕“6x86 PR266”也都正式登場。由於賽揚無法擋住“Socket 7”陣營的炮火，英特爾只得將128KB的快取記憶體加入，推出300／333MHz含有128K快取記憶體的二代「賽揚」。

二代「賽揚」推出後出貨量雖然有所起色，但市場占有率並沒有明顯的提升。在價格／效能比無法與成熟的化Socket 7平台競爭的情況下，英特爾走回頭路，於1999年推出Sockct 370，希望能以價格低廉的特色搶回低價市場、重振往日雄風。

情勢發展至此，以往咄咄逼人的英特爾似乎不見了，「英特爾霸業不再」之聲，不絕於耳。另一方面，隨著網路電腦聯盟的形成，WINTEL帝國面臨更大的挑戰。

微軟失策

網景乘機竄起

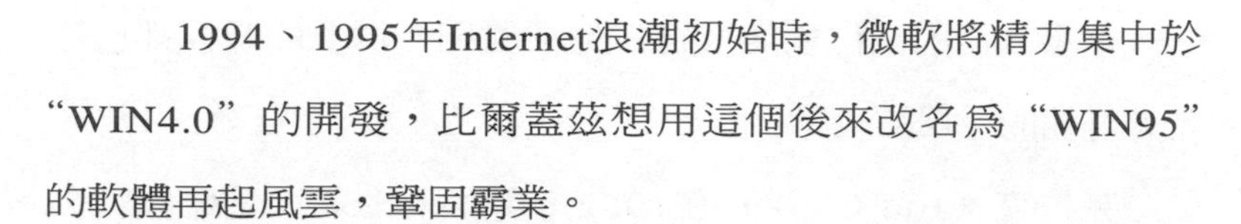

1994、1995年Internet浪潮初始時，微軟將精力集中於“WIN4.0”的開發，比爾蓋茲想用這個後來改名爲“WIN95”的軟體再起風雲，鞏固霸業。

與此同時，在一個中年企業家的資助下，四個學生開發的網路軟體Explorer（探險家）即將掀起一股新浪潮……

兩億美金強勢行銷下，WIN95風光上市，沒有讓比爾蓋茲失望，短短四天，WIN95締造了一百萬套驚人業績，產業分析師樂觀預測，至1995年底，WIN95將賣出兩千萬套，兩年後突破一億套，將會成爲史上最暢銷的軟體。以當時各大媒體競相報導的盛況以及民眾興高采烈的購買情形來看，WIN95不僅是軟體，它還代表一種流行時尚。

然而往後幾個月中，WIN95並沒有爲比爾蓋茲帶來多少歡樂，因爲WIN95的銷售熱潮並沒有維持多久，反而是網際網路、網景公司意外竄起，成了1995、1996年媒體的熱門話題，幾乎天天盤據版面，WIN95早被冷落一旁，令比爾蓋茲顏面大傷。

網景傳奇

網景公司的兩位創辦人在決定「雙劍合併」的時候都已經是響叮噹的「風雲人物」。

克拉克（Jim Clark）在1982年創辦了後來以「侏儸紀公園」、「龍捲風」、「ID4」在好萊塢捲起一股科幻電影風潮的“SGI”公司。

1994年時，52歲的克拉克和SGI高層對公司發展方向有不同的看法，因而離開自己一手創辦的公司。

急於創立事業第二春的克拉克看到網路上川流不息的人潮，認知到這蘊藏著無限商機，立刻打電話給一個因爲寫了魔賽克（Mosaic，第一套網路瀏覽器）而揚名立萬，年齡不到自己一半，只有二十三歲的年輕學生——安迪森（Marc Andreessen）。

1994年4月，克拉克投入四百萬美金，二十三歲的安迪森出任技術副總裁，網景（Netscape）正式成立。

克拉克又陸續從伊利諾大學挖來了與安迪森一起創作魔賽克的夥伴，就憑這群由「伊利諾大學」所組成的「夢幻團隊」打造出令比爾蓋茲眼紅的霸業！

網景的工作團隊很快的開發出一個在速度、安全性、圖形能力皆優於魔賽克的網路軟體——「領航者」。

「領航者」在技術上的確有其獨到之處，行銷手段亦獨樹一幟，網景了解Internet本是學術和非營利性質的網路，「放任」及「免費」爲其特色，洞悉Internet這種文化，深知要從「網路族」上拿到錢，不啻難如登天。

所以，網景利用透過四通八達的Internet讓使用者免費下載「領航者試用版本」。該軟體於1994年12月問世後，半年內就攻占了三分之二的WWW瀏覽器市場。

網景以「瀏覽器」軟體霸主之尊，和線上服務業者如AT&T、Compu Serve、美國線上（America Online）等業者達成策略結盟，各家系統都「選用」或「內建」領航者供用戶使用，網景得以收取大筆權利金。

網景爲教育消費者，在市場上不遺餘力地推廣線上購物、電子出版等概念，在各媒體的推波助瀾下，「網路熱」瞬間席捲全球，網景名利雙收成了最大受益者。在網景的思維中「Internet是一個龐大的行銷管道，而上網軟體——領航者則是開啓此管道的鎖匙」。

1995年全球有超過八成的網際網路使用者是以「領航者」上網，其普及程度甚至超過WIN95（註：「領航者」可以通用於PC、蘋果，甚至於電腦工作站）。網景的股票以35美元上市後，不到半年的時間，一路狂飆到170美元以上的天價，並帶動股市的Internet概念股全面飆漲，甚至引發「股價抗拒地心引力」的譏評。

批評者以為，網景的股價根本飆過頭了，投資大眾都瘋狂了，這是一個不合理的現象。網景的創辦人克拉克則表示：「網景已成為Internet風潮的象徵，如果投資人認定Internet有前途，那麼就沒有股價高估的問題，因為大家看到的不是一家公司，而是整個嶄新的產業。」

網景兩位創辦人一夕間身價暴漲，成為各傳播媒體的封面人物，有些媒體更以為「Internet將埋葬微軟的霸業」，而年僅二十餘歲的安迪森則是新一代「電腦金童」，將取代比爾蓋茲的地位。

網景的異軍突起，讓微軟的霸業出現缺口，比爾蓋茲顏面大失，但面對著網路洪流，比爾蓋茲也有了「如果微軟尚未意識到Internet的前景，那麼"WINDOWS"最終將成為歷史。」

比爾蓋茲馬上調整策略，丟下20億美元，原來4人的網路開發小組，迅速擴張為600人。1995年12月7日，比爾蓋茲並作出「微軟公司所有計畫和產品都重新定位到Internet上」的重要決定。

為了奪回網路江山，微軟在全球免費散發其「探險家」網路軟體。比爾蓋茲甚至寫了一本《擁抱未來》(*The Road Ahead*)的書，內容大半是討論Internet等網路科技對人類生活造成的改變。在「全美首富」、「電腦奇才」和「網際網路」等光環圍繞下，《擁抱未來》一上市即成爲全美暢銷書，並被譯爲各種文字行銷全球，在各地引發一股風潮。

微軟的種種舉動反應其對「網路世紀」的強烈企圖心，他們欲以雄厚的財力、一貫的強勢行銷在網路世界殺出一條血路，埋葬網景。面對微軟的強力反撲，網景亦擬訂策略加以反擊。

網景將許多網路工具如E-mail、視訊會議甚至網頁的製作能力都整合到「領航者」，並不斷加入新功能和多媒體技術，使「領航者」更容易使用、有更強的聲音及影像播放能力，短短的三年間至1998年網景已推出四個世代（版本）的「領航者」。

網景的雄心不僅止於將「領航者」定位於上網軟體而已，「領航者」有高度的相容性，可以在WINTEL、蘋果麥金塔等電腦平台及不同作業系統上執行，網景把「領航者」定位成跨硬體平台、跨作業系統，以電腦網路和主從式架構爲核心的標準軟體，意圖取代WINDOWS作業系統的地位。除了，網景欲以「上網軟體取代作業系統」外，昇陽亦乘Internet浪潮發表——Java（爪哇）程式語言，結集對其他反“WINTEL”帝國勢力，要在WIN95推出後的混沌時期落井下石。

網路電腦

Internet是以網路爲中心的分散架構，具有相當的開放性。各種電腦，不管使用何種微處理器、作業系統，只要使用基本的網路通訊原則（TCP／IP協定），就可以互相溝通。

Java是種網路語言，最大特色是跨平台。不管是PC的WINDOWS 95、IBM的OS／2、WINDOW NT，或是蘋果的麥金塔等各種平台，只要有一段Java虛擬機器的程式碼，就可以執行由Java所撰寫的程式，而Java寫出來的應用軟體也較不占硬體空間，透過網路傳遞可以很方便的更新軟體。

發表Java的同時，昇陽公司還在1996年5月提出"NC"（網路電腦）的概念，並在極短的時間內獲得蘋果、IBM、網景，甲骨文（ORACLE）等公司的支持（微軟被刻意排除在外）組成全球網路電腦聯盟，同時還訂立了網路電腦的參考架構（NC Reference Profile），並或得包括台灣的宏碁、神通、力捷、大同及普騰、聲寶等七十餘家相關業者的支持。網路電腦連盟所公布的參考架構是開放性的，將不侷限於某一品牌的網路電腦，而是採開放性的標準架構，只要能相容於公布標準的產品，都可稱爲NC。

資訊時代來了?!

「資訊時代」是否眞的來臨了？電腦眞的改變了我們的生活方式嗎？

比起電視，電腦的影響力就還沒那麼大了。

今日，多少人一下班就打開電視看新聞、連續劇、綜藝節目。有線電視開放以後，觀眾的選擇更多了，連錄影帶、電影院都懶得跑了，就連假日也窩在家裡，看電視成了最普遍的娛樂。

或許那是因爲我們只要打開電視，拿起遙控器，就有許多電台給我們整個世界，無論即時新聞、財經消息、娛樂甚至消費資訊。所以啦！電視台塑造了我們的文化，這是一個「電視時代」。

從另外一方面來看，有多少人一下班就打開電腦，藉由電腦取得一切的資訊與娛樂呢？

以往電腦只不過是一種「辦公室」裡的事務性機器，其價格動輒一千五百美元以上（以台灣市場而言，主流機型約四萬元起跳），若非有必要，一般消費者也不會輕易購買。

隨著「多媒體」、「網際網路」盛行，電腦可以帶領使用者進入虛擬實境，浩瀚無邊的世界，這也讓電腦進入了家庭市場，各種如同電視造型摩登，並結合了音響、電話、傳眞、電視、光碟等功能的電腦紛紛出現，一部電腦可以取代許多家電用品，電腦於是成了消費性的電子產品。

然而如同「電視時代」的降臨，除非大多數人都有電腦，且電腦像電視一樣簡單、操作便宜，「資訊時代」才會眞的降臨。

現實生活中，個人電腦除了價格不便宜外，也太複雜了，個人電腦往往還是少數玩家的寵物，不像電視一般眞正的普及於一般社會大眾，也無法帶領人類進入「資訊時代」。

其實，電視節目和電話訊號的網路也是很複雜的。爲什麼不能把電腦變成像電視一樣好用，讓大家一學就會，而把複雜的軟、硬體部分放在電腦網路上，由專門的電腦公司來負責、保養與維修，就如同電視和電話的網路和硬體不必讓消費者操心一樣呢？

如果要把電腦變成像電視、電話那樣好用的電子產品，那麼引領這個潮流的必然是便宜好用的「網路電腦」，而非“WINTEL”帝國架構下的PC「個人電腦」。

「網路電腦」的基本概念其實很簡單：比個人電腦簡單、便宜、直接連結全球網路的電腦，其最吸引人之處只有兩個——易於使用和價格低。

「網路電腦」捨棄PC架構中不必要的組件，沒有軟體，也不放硬碟，電腦的軟體與存取的資料都在網路上運作，因此軟硬體不用升級，卻能執行所有個人電腦上的功能，價格可以壓到五百美元至兩百美元間只有「個人電腦」的四分之一至十分之一的價格。

網路電腦就像電視一樣，消費者買一台可以用上五年、十年都不成問題，消費者只花費一些權利金，就可取得所有軟硬體的技術規格，並隨時經由網路廠商，為使用者網路電腦的軟體進行升級。

如此就不會像現在的電腦一樣，每過不了多久就要花一筆錢讓電腦升級。在「網路電腦」的世界裡，用電腦就像用電話般容易，只要把「網路電腦」的線路接上，一台機器就能使用所有的軟體了。

「網路電腦」有別於目前的個人電腦，首先「網路電腦」不需處理太複雜的功能，所以英特爾高階的中央處理器就無用武之地（是否可以擺脫英特爾的夢魘?!）。整個作業系統也要重新修改成輕薄短小型（微軟的WIN95或WIN NT可都是龐然大物呢！）。

為了讓網路上來自四面八方的電腦可以互相溝通，「跨平台的程式語言」亦是項關鍵技術（Java要出頭天了嗎？）。此外，「快速而經濟的網路服務」更關係著網路電腦能否成得了氣候的重要因素。

就現今的網路環境而言，網路塞車與網路上資料傳輸「龜速化」的現象已經是揮之不去的夢魘，要如何想像一下子之間又冒出了無數的網路使用者與你分享有限的網路資源呢！

上述網路電腦的關鍵技術，或許還未全部成熟，但反“WINTEL”陣營仍迫不及待的將「網路電腦」推向前線，對“WINTEL”陣營強攻猛打。

比爾蓋茲反擊

稱霸網路的「鈦計畫」

網景、昇陽接連出招，網路電腦眾家好手雲集，比爾蓋茲雖是嗤之以鼻的說「……網路電腦根本是騙局」，但仍不得不摸摸鼻子趕緊規劃產品與之抗衡。

網景以網路爲核心，欲以「上網軟體取代作業系統」，微軟招式不變仍堅持「作業系統至上」誓將「瀏覽程式的技術融入WINDOWS裡」。微軟傾全力在旗下的所有軟體中添加進Internet的功能，要把Internet的使用者繼續鎖死在WINDOWS的世界裏。

WINDOWS雖是目前個人電腦作業系統的標準，但其尋找及瀏覽資料的方式與以「速度」、「效率」見稱的Internet完全不同。Internet上資料是以HTML的格式儲存，而使用者以瀏覽程式透過Hyperlink（超連結）找到所需資料。

微軟的策略是，Internet上HTML的檔案格式及瀏覽程式的技術將整個融入WINDOWS的環境裡，日後HTML將成爲在WINDOWS下儲存資料的標準格式，而尋找資料則是利用瀏覽程式的方式及Hyperlink。

現有Microsoft Office所產生的資料格式亦可被瀏覽程式直

接閱讀。簡單地說，微軟將把WWW變成是應用軟體的一部分，讓其有應用軟體都能夠和WWW密切結合。未來的Microsoft Office新版本將能夠直接讀取WWW的各種資料，把HTML檔案整合到Word和Excel等各種文件。

如果，微軟又打贏了此戰，那麼，Internet和WWW只是作業系統下的一種應用軟體。Word的使用者可以隨時上網取得寫作資料，Excel的使用者可以從線上取得報稅表格和自動計算應繳稅款的程式。這也就是說，Internet不管再好，都要透過WINDOWS作業系統來使用。如此，網際網路愈紅，微軟的應用軟體也跟著賣得愈好。

細看微軟與這些靠著網路而崛起的挑戰者交手，你是否覺得似曾相識？

二十餘年前，個人電腦的分散運算取代了大型電腦以網路爲核心的集中運算，造就個人電腦產業興起。

二十年後，隨著網路時代的來臨，網景和昇陽迫不及待的想用網路電腦取代個人電腦，以網路爲核心的集中運算，是否將吞噬個人電腦的分散運算，重新取得主流地位？這個問題似乎還沒有答案。

面對著網路電腦聯盟的隆隆炮火，爲了迎接網路世界的來臨，比爾蓋茲備妥了「十八套劇本」，另有其他應付計畫。比爾蓋茲不只在地面建構微軟的「網路霸業」，更將眼光瞄準天空，他所想到的是面對「三C時代」（註：三C分別是電腦、通訊、消費者）的來臨，網路上龐大的影音資料要如何傳送？

網路世代雖已來臨，但頻寬問題的解決與否，確是影響到網路世代能否成功的重要因素，如果沒有辦法解決資料傳輸的不便，各種「網路電腦」苦等不到畫面與資料，那將是網路時代的噩夢。

比爾蓋茲爲了克服頻寬問題，投資了“TELEDESIC”（全球高速資料傳輸網路系統），將以90億美元發射840顆衛星，提供網際網路資料及視訊會議服務，根本來說這個被稱爲「鈦計畫」的投資就是以衛星來傳輸，徹底解決傳統傳輸方式網路塞車的問題。

該計畫準備從1999年到2001年之間，發射840顆衛星，建立起綿密的「天空之道·網際網路」，將架構一個覆蓋地球表面達95%的衛星系統。

比爾蓋茲與「鈦計畫」的投資者認爲只要在天空布下的這張衛星通信網，將會解決全球許多正爲「網路塞車」所苦的先進國家與還沒架起完善有線傳輸系統的開發中國家其通訊品質低落的問題。到時候縱橫全球商場的比爾蓋茲，藉由這個無遠弗屆的衛星系統又會展現什麼樣的影響力呢？

一旦建立起這條貫通全球的「通訊高速公路」，比爾蓋茲將在網路市場上占據領導地位。成爲舉世第一條「通訊高速公路」的掌門人，到時候這條「通訊高速公路」將可縱橫全球。

在「鈦計畫」的傳輸世界裡，使用者可以在「撒哈拉沙漠」

裡騎著駱駝邊欣賞沙漠的景色，一邊使用衛星行動電話與在「台北」的企業總部連絡商業事宜，當然比爾蓋茲會向每一位過路者收取買路錢（到時比爾蓋茲的死對頭「網路電腦聯盟」如果要通過這條高速公路是否會被收取更高的費用？）。

看來「微軟」與「網路電腦聯盟」的戰爭已由地面打到天空去了，這場「網路爭霸」眞不知鹿死誰手？

新電腦世紀

其實「網路電腦」並非用來取代傳統「個人電腦」，網路電腦的興起與其說是代表個人電腦時代的結束，不如說企業或個人將可依實際的需要，選擇更具有彈性的個人電腦或較易管理的網路電腦，個人電腦的分眾化消費時代來臨了。

宏碁集團董事長施振榮亦提出“XC”（XComputer）的概念。

XC一定是簡單好用的，它可能是藉由PC的架構而做成，但並不是要取代PC，而是要讓更多人享用PC的結構。其實XC產品早已存在，像Web TV、電子遊樂器和電腦選曲的卡拉OK。

換言之，符合消費者需求的電腦時代已經來臨，像WINTEL帝國一味追求高速的電腦並非電腦商戰中唯一的致勝因素了。網路電腦所能提供的功能，並不需要用到最先進的硬體，而是以消費者爲導向的服務創意。

雖然許多人都認爲阻礙一般消費者使用個人電腦最大的障礙是價格問題，然而很多的研究報告都指出：人們不用電腦是因爲覺得無須使用，而非價格的問題。

在討論網路電腦與個人電腦彼此間的差異，過於強調價格問題，可能不太正確，也不是主要的癥結所在。

難怪個人電腦陣營不禁要問：「網路電腦的價格眞的比較低嗎？」事實上網路電腦的報價並沒有包括顯示器，如果加上顯示器，網路電腦比一般的入門個人電腦，也沒有便宜多少錢。

而對於已經擁有個人電腦的用戶，連接網際網路的費用，比再買一部網路電腦的費用更是低很多。所以有人說網路電腦的客戶可能只在於一般的企業與資源有限的學校。

如果仔細探究昇陽、甲骨文等公司推動網路電腦的動機可以發現，網際網路眞正的商機並非所連接的硬體，或賣出多少部網路電腦，網路電腦甚至打破個人電腦的行銷手法，是用送的。

要靠網路電腦來獲利是非常有限的，之所以會有那麼多的電腦廠商看好網路電腦的前景，其原因是Internet所帶來的商機，是提供題材者及伺服器端廠商的整體服務，這些整體服務不但可以吸引客戶，也可收取軟體的使用租金。

如同微軟最近幾年陸續買下各知名博物館和畫廊資料的使用版權（往後如果想逛逛大博物館看看「蒙娜麗沙的微笑」等名畫，唯有使用微軟的瀏覽器了），並且在幾年前就開始和美國的國家電視網（NBC）合作，成立MSNBC，在網路上推出互動電視服務，提供新聞。微軟所以不惜工本的做出這一切，還不都是著眼於「光碟軟體」和「網路服務」這兩大消費市場嗎？

所以網路電腦只是想藉著其低價格及使用方便的產品特性，吸引更多的買者，降低使用者的障礙，進入網路虛擬、豐富、無國界的世界裏。

或許網路電腦究竟是網路還是電腦，抑或電腦的定義到了要重寫的時刻了？

如同我們在以前就說過行動電話本身就是一台微處理器加上天線、喇叭。在通訊、消費性家電，和電腦三C結合的風潮中，下個世代的行動電話是具有影像的，消費者在電影院前就可藉由電話看到上映電影的預告片，甚至於藉由電話來「問路」，電話螢幕就可顯示出四周的地圖，這些內容本身就是「電腦」與「影像」的結合，行動電話本身就是另外一種網路電腦。

比爾蓋茲的「蓋天鈜計畫」從根本解決網路的壅塞問題，正是「明修棧道，暗渡陳倉」，「蓋天鈜計畫」完成後的「微軟王國」是否會令“WINTEL”帝國脫胎換骨，成爲一個擊不倒的神話？

PC外傳之一
「玩具總動員」VS.「侏儸紀公園」

還記得「蘋果金童」史提夫嗎？

那個自信與活潑的年輕人，雖然在年少得志的時候曾經被一腳踢出蘋果電腦，然而多年後他還是在蘋果發生危機的時候重回公司，讓蘋果起死回生，在WINTEL的霸權下，蘋果電腦的繪圖、排版等專業軟體仍引領業界，為各行的專業人士所稱道，那批像史提夫般瀟灑、自信的專業人士還被稱為「蘋果貴族」呢！

但除了電腦本業外史提夫也在動畫界發展，與好萊塢大亨一別苗頭。

1986年，31歲的史提夫從喬治魯卡斯手中把一群電腦買下來改組成立了新公司「皮克斯瓦電腦動畫公司」，皮克斯瓦的創業代表作「玩具總動員」是1995年全美的票房總冠軍，史提夫再發豪語：要把皮克斯瓦發展成為僅次於迪士尼的動畫公司，並計畫這三年內每年都要拍一部動畫片如：1998年的「蟲蟲危機」，1999年的「玩具總動員2」（美國動畫史上也只有迪士尼經典「獅子王」與皮克斯瓦的「玩具總動員」創下破億美元的票房）。

看來史提夫除了在電腦界具有舉足輕重的地位外，亦搖身一變成爲動畫界的傳奇人物。

皮克斯瓦名爲「電腦動畫公司」其所製作出的動畫片自然是用「電腦」製作的。

皮克斯瓦每年花在研發電腦軟體的費用就高達一千萬美金，史提夫特別強調：「電腦動畫是靠創作者的『故事』來帶動電腦技術的發展。」「我們必須靠自己來開發電腦軟體，這種電腦軟體是買都買不到的。」

從網景克拉克的SGI創下「侏儸紀公園」的震撼，到史提夫寫下「玩具總動員」的傳奇，我們亦可看出電腦對人們的影響跨足各行業眞是無孔不入！

PC外傳之二

有線電視VS.網路世界

雖然我國政府也全力推展資訊高速公路計畫，民國八十六年就提出「三年三百萬人、一百萬商家上網」等響徹雲霄的口號，但政府卻反而忽略了非常適合台灣發展的有線電視網路上網的建置（台灣有線電視普及率達八成，是全世界最普及的地區）。利用有線電視網路上網，不但建置的成本較低，資料傳輸速度又快，可說是一條現成又便宜的資訊高速道路。

上網路的速度太慢，一直以來就是網路族最頭痛的問題、除了提升撥接數據機外，目前似乎也別無他法，而台灣的有線電視業者目前正計畫以有線電視數據機上網路（Inter Over Cable），將可快速提升上網的速度，因爲有線電視專用的數據機其傳輸速率爲10Mbps-30Mbps，傳輸資料量是目前一般33.6K數據機的百倍以上，將可實際應用在遠距教學、視訊會議、互動遊戲、隨選視訊等網路功能上，對發揮網路效應有很大的幫助。

其實美國方面早在1994年就有有線電視業者開始進行Inter Over Cable方案，國內方面力霸集團旗下的子公司「華聯通訊」，也在進行一項「有線電視數據機上網路」的研究計畫，就是想以有線電視系統來取代現在台灣所使用的電話上網方式。

華聯通訊預定先挑選大台北地區約兩百個有線電視收視戶作爲有線電視上網的實驗計畫與測試，希望在我國法律修正後，民衆就可以立刻享用華聯通訊的研發成果，解決網路塞車的問題。

以有線電視的網路上網，可大幅改善網路塞車的問題，除了需要電腦外，還要加裝纜線數據機、網路卡，然後才可以和有線電視業者的電腦主機連線成爲一個區域網路，一般有線電視上網（如美國的例子與華聯通訊的規劃），是採付費的方式，消費者向業者租用有線電視數據機，業者不限上網時數，如華聯通訊的試用者每月收費一千五百元台幣，美國業者則是每月三十到四十美元不等。

因爲有線電視的頻寬比現行電話線還寬，可徹底解決遠距教學、家庭購物、視訊電話等需要大筆資料傳輸的問題，甚至用來打長途電話也不需要額外的收費。

近來我們時常在報紙看到有線電視頻道的爭奪大戰，尤其台北的「和信」、「力霸」兩大有線電視聯盟爲了強攻市場占有率（台北的有線電視幾乎爲兩大集團所壟斷），無所不用其極，台北市民每到頻道商要簽約的時候就要擔心「頻道是否會大調動」，甚至時有「斷訊」的恐慌，兩大財團暗中較勁甚至引來政府高層的重視，還插手其間加入協調。

兩大有線電視聯盟到底在吵什麼？有這麼嚴重嗎？

原來，兩強爭鋒，不但關係到數十億資本的節目買賣與頻道經營，最重要的還是兩強都瞄準日後通訊網路的競爭，誰不想掌握住頻道，等法令一改就可搭上網際網路的列車。

PC外傳之三

千禧電腦大事紀

時序已進入千禧年，本書從完稿到付印期間延宕多時，其間資訊業界的鬥爭自然還在持續中。不過，玩來玩去，劇碼依舊是「升級」、「專利權」、「價格戰」這幾齣，筆者大概整理如下，眼尖的讀者一定有似曾相識的感覺。

低價成主流，市場主客易

在286/386/486電腦時代，美國電腦市場中主流電腦的價位約在一千兩百美元至一千五百美元左右，當時一千美元以下所佔比率只不過約10%而已。

1997年第二季，康栢克推出一台售價不到一千美元，採用"Cyrix"單晶片整合式處理器的個人電腦，在市場上大受歡迎後，低價電腦風潮興起，市場急遽擴大。

到1997年底，一千美元以下電腦的佔有率達到30%，短短不到一年的時間低價電腦市場佔有率，由一成衝到三成，隱約透露出改朝換代的日子即將來臨。1998年中，一千美元以下電腦的市場佔有率向上突破40%，正式成爲「市場主流」，PC市場的競爭態勢也產生遽變。

K6 提升外頻／系統匯流排，K6-II 現身

超微於低價電腦風潮中以K6搶灘成功建立灘頭堡後，又於1998年推出了400MHz的第二代K6（K6-II）。

K6-II依舊採用傳統的Socket-7匯流排架構，不過超微成功把外頻 /系統匯流排，從66MHz拉升到100MHz等級（系統匯流排決定處理器與主系統記憶體及硬體等週邊設備的溝通速度）延續了Socket-7的生命（超微把它稱爲Super-7），超微並在K6-II中加入自己開發的“3D Now!”指令集。

3D Now指令集，就好像英特爾的MMX指令集，可以平行的方式加速整數運算，對浮點運算速度也有助益，可以讓CPU在單一時脈循環中，速度衝到原來的四倍之多。基本上，優異的浮點運算效能對於3D圖形模型幾何運算的加速具關鍵性的影響，因爲可以增加遊戲場景中的數字及物件的複雜性，創造更豐富的擬眞3D世界。

英特爾進軍低價市場，賽揚鍛羽

面對低價電腦風潮，英特爾方面不得不於1998年4月推出時脈266MHz的賽揚（Celeron）微處理器。

賽揚以Pentium II爲藍本，外型亦爲英特爾專利的「長形狀」

（SOLT1插著規格），最大的所不同是，賽揚將PentiumII內建的512K 快取記憶體拿掉，但賽揚晶片失去了快取記憶體之後，效能大打折扣。

這顆「減肥」過度的微處理器效能與價格都卡在中間，在「低價」風潮中，這種「半吊子」不上不下的定位，實在很難讓消費者青睞，所以賽揚始終得不到市場關愛的眼神。

至1998年中，一千美元以下的電腦，在市場佔有率達40%，此時英特爾旗下的PentiumMMX、PentiumII、賽揚雖尚共同佔有七成市場，但已不若以往佔有率動輒高達80％、90％，同時間超微K6家族的佔有率已經爬升到25％的水準，實力已不容小看。

1998年下半年，英特爾故技重施，退出PentiumMMX市場，力圖將市場導向PentiumII與賽揚，但這次英特爾的魔法失效了，PentiumII、賽揚並沒有因PentiumMMX的「犧牲」而受益。

PentiumII的佔有率都在30％至40％間徘徊，至1998年9月，居然向下掉破三成，低價電腦風潮繼續蔓延，至1998年末佔有率更突破50％，高貴的PentiumII自然討不到任何便宜。

同時間超微K6的佔有率已上攻至45％的佔有率，不但超越PentiumII，更逼近當時英特爾家族PentiumMMX、PentiumII、賽揚46％的總佔有率，令英特爾大爲緊張。

經過多年的奮鬥，至1998年底，超微終於有機會與英特爾平起平坐，雙方實力拉近，拚戰更形激烈。1999年初，超微、英特爾，各推新產品，繼續血戰！

K6-II 加裝記憶體，K6-III 現身

1999年初超微搶在英特爾發表第三代Pentium 前，發表K6-III，並將"III"註冊，使得英特爾發表的第三代Pentium只好改成"Pentium !!!"。

K6-III的核心和K6-II沒什麼兩樣，也同樣採用Socket-7架構，但為了提升微處理器效能，超微在 K6-III 本體內建256K的記憶體（L2 快取記憶體），以迎戰英特爾的賽揚或PentiumII。

K6-III性能強悍，效能比同時脈的Pentium !!!有過之而無不及，故倍受矚目，成為焦點。

賽揚裝回記憶體，賽揚II 增重反撲

儘管賽揚鍛羽，但英特爾進軍低價電腦的決心依舊不變。

1999年初英特爾將賽揚晶片被「閹」掉的記憶體重放回，陸續推出工作時脈範圍由300MHz到400MHz的二代賽揚。

顧慮到二代賽揚「效能不能超過Pentium II」及「低價」的使命，賽揚II的記憶體僅僅是Pentium II快取記憶體的四分之一，只有128K，其系統匯流排66MHz也遜於Pentium II及超微

K6-II/III CPU的100MHz匯流排，換言之英特爾的市場策略限制了賽揚在處理器速度、系統匯流排速度及快取的功能。

二代賽揚另一個特色在於採用了一個全新的“Socket-370”匯流排架構，它的外觀與接腳都似昔日方方正正的Pentium處理器，這顆處理器無法安插在原賽揚SLOT-1主機板，必須搭配全新的Socket-370主機板。英特爾祭出「二代賽揚」，對超微高喊「還我河山」，不知消費者將如何選擇？

結果揭曉了，二代賽揚終究無法突破超微 K6家族的江山，至1999年2月超微 K6家族市場佔有率達52%擊敗英特爾產品總和40%，正式坐上盟主寶座。

1999年初，英特爾帝國淪陷，超微封王。

超微 K7及Pentium !!!

在低價電腦市場出奇致勝的超微雄心勃勃欲切入高階PC市場，於千禧年前夕推出800MHz版本的K7(Athlon)微處理器，首度在效能方面超越英特爾，K7處理器的初期目標不是低價市場，而是Pentium II 、 Pentium !!!的主流與高階PC市場。

超微攻勢凌厲，英特爾急忙將Pentium !!!端出檯面。

假如賽揚是Pentium II的輕量版，那麼Pentium !!!就是Pentium II的加強版，它提供了較高的工作時脈，初推出時就高達450MHz及500MHz(Pentium II最高爲450MHz)，同時內含英特爾的SSE指令集，是一組七十個新指令，設計來加快圖形及視訊應用的功能。

就這樣超微 K7 卯上 Pentium !!!，新一波戰局，繼續上演。.

「亞洲英特爾」——威盛傳奇

晶片組起家

威盛電子成立於民國81年，爲一專業晶片組設計公司，生產電腦晶片組，供應台灣各主機板大廠和康栢克、IBM等國外電腦大廠。

晶片組是主機板上一個非常重要的元件，用來協調主機板與各元件如記憶體、匯流排、各項週邊輸出入裝置等運作，所以晶片組決定一片主機板的相容與擴充能力，採用不同晶片組的主機板，就會表現出不同的能力。

1997年間，超微K6家族，就是靠著威盛、矽統、揚智等台灣廠商開發出支援AGP匯流排、100MHZ外頻的晶片組，強化舊有的Socket-7平台，讓Socket-7平台藉由AGP匯流排、100MHZ外頻規格的加入，成爲低成本、高效能的運算中樞，足以和Pentium II 的SLOT1規格爭輝。

此外，威盛亦於1998年11月獲得英特爾授權，生產相容於

SLOT1的晶片組，成功打入Pentium II的市場。

新、快記憶體——R記憶體

在英特爾的規劃中，下一代個人電腦系統將由目前外頻100MHz提升至133MHz，除了匯流排速度提升之外，高速記憶體亦是下一代個人電腦所配備的。

英特爾於1996年底欽點Rambus作爲PC-100 SDRAM之後的接班人。

Rambus DRAM（以下簡稱 R記憶體）原是Rambus公司所提出的一種記憶體規格，主要作爲電視遊樂器的記憶體用。英特爾相中高時脈的R記憶體便入主該公司，積極研發適合PC使用的R記憶體。

製造R記憶體必須繳交授權金給Rambus公司，製造商亦需投入資金進行生產設備的升級，DRAM業界中的各競爭對手並不易從R記憶體架構中獲得多大好處，所以遭到許多半導體大廠的反對。

但英特爾仍獨排眾議，聯合了幾家半導體業者發表了Direct Rambus DRAM（簡稱DRDRAM）的規格，並計劃推出820晶片組，支援133MHz外頻及支援R記憶體。

然而，由於無法克服某些技術問題，R記憶體始終無法量產上市。也使得英特爾的Intel 820晶片組，上市日期從1999年6

月延至9月，整整慢了一季。R記憶體遲遲無法上市，這段空窗期正是「非R記憶體」陣營反攻的契機。

延續舊架構 PC-133記憶體

「非R記憶體」陣營中，以延續既有PC-100記憶體架構成爲PC-133的記憶體最被看好。如同字面上的意義，PC-133記憶體就是將時脈速度由100MHz調至133MHz，以加快其效能。

PC-133爲開放性標準，可與現行PC-100架構、產品規格相容，DRAM廠商也不需要投入太多的資金將生產設備升級，故獲得眾多廠商的支持（PC-133相當於將當時主流的PC-100 SDRAM升級，而R記憶體則猶如將記憶體規格做一番革命）。

國內晶片組廠商威盛電子，爲了避免晶片組全由英特爾稱霸，不得不將箭上弦演出一場逼宮、卡位的奪權戰。

因此威盛電子於1999年第二季宣佈，將搶先英特爾推出支援133MHz外頻、支援PC-133記憶體的系統晶片組“VIA Apollo Pro Plus 133”。

PC-133有前述各項優點，因此得到美光（Micron）、三星、現代、西門子及NEC等記憶體供應商的支持，也獲得康栢克、戴爾、惠普、IBM等系統廠商承諾採用PC-133的規格。

英特爾的專利之刀

威盛的大動作惹火了英特爾，英特爾於1999年6月控告威盛，表示其違反雙方Pentium II架構的授權合約並涉及侵權。

雖然挨了英特爾的「專利之刀」，但威盛的企圖心並不僅止英特爾「第二事業群」的晶片組上；威盛的終極目標居然是被英特爾視爲禁臠的「微處理器」市場。

爲何威盛膽敢「以下犯上」？其實，其中有威盛不得不爲之的因素。

從晶片組到微處理器

無疑的，「晶片組與微處理器整合在同一顆晶片中」將是未來PC發展的趨勢。換言之，當晶片組被整合到微處理器中這日到來時，靠晶片組吃飯的威盛將無以維生了！故威盛總經理陳文琦指出：「沒有ＣＰＵ技術的晶片組公司，就將在下一世紀中被淘汰。」

所以威盛電子走向成爲「整合元件的晶片設計」公司，製造「晶片組＋微處理器」的微處理器成了企業永續經營不得不爲之的策略轉型。

所以即使英特爾生氣跺腳，威盛仍以迅雷不及掩耳的速度，於1999年8月宣佈併購新瑞仕（Cyrix）、艾迪特（IDT）兩個ＣＰＵ團隊，佈局介入微處理器市場與英特爾正面衝突，引起業界震撼，其光芒甚至掩蓋主要競爭對手矽統自行興建晶圓廠的消息。

從另外一個角度來看，威盛介入ＣＰＵ市場，與將英特爾搞得灰頭土臉的「低價電腦」也脫不了關係。

如同陳文琦所言：「低價電腦愈趨重要，晶片廠商便需要提供更佳之成本效能比的產品，透過與S3策略聯盟及新瑞仕、艾迪特的併購能使威盛電子在低價電腦中提高市場比率。」

威盛介入CPU市場的舉動，有人嗤之以鼻質疑其爲「小蝦米對抗大鯨魚」，股票市場上亦有「(成）五百元、（敗）五十元」之說。看來，威盛的經營策略是否得宜仍屬未知！

幸好1999年下半年，威盛亮麗的營運績效和業界變化爲其策略轉型做了最有利的背書。

PC-133 先「佔」先贏

PC-133記憶體及支援此記憶體的PC-133晶片組，在「高速記憶體之爭」中取得第一波的勝利。

這是理所當然的！因爲，其競爭對手R記憶體及支援R記憶體的820晶片組根本還未上市，想買也買不到。

PC-133 先「佔」先贏，讓英特爾欽點的R規格未戰就敗。

PC-133的旗手威盛電子10月份的盈收大放光彩，晶片組出貨量在 Apollo Pro133熱賣帶動之下，衝破310萬套，營收更攀上 17.11億元，一舉超越矽統營收規模，累計1至10月營收達77.08億元，成長72.96％。預計11月出貨套數可突破350萬套。

消費市場上，低價電腦持續熱賣，印證了威盛「整合CPU晶片組、降低系統成本」的策略轉型。因此，其主要競爭對手矽統於10月中旬，依樣畫葫蘆也宣佈取得瑞思（Rise）的微處理器技術，決定跟進加入這場整合CPU晶片組的戰局，顯見威盛的做法已經逐漸獲得業界認同。

英特爾再揮專利刀

英特爾也非紙做的老虎，繼6月在對威盛提出侵權控告之後，10月再度對威盛電子展開新的訴訟大戰，專利之刀揮向威盛的協力夥伴及客戶。

讓人莞爾的是，英特爾新的訴訟對象並不是威盛的主要大客戶如ＩＢＭ、惠普與美光電子等。相反地，英特爾控告的是台灣的大眾電腦與大眾在美國的通路關係企業Everex。

針對這一波法律訴訟行動，英特爾所持理由為，大眾、Everex所生產、銷售的主機板，侵犯到英特爾的專利權，而這些主機板都是採用威盛的晶片組。

英特爾發言人查克．穆利稱是為了保障英特爾對PentiumII架構匯流排的協議。所謂的匯流排是讓連接英特爾微處理器與其他週邊零組件如晶片組、記憶體之間的資料通路。而英特爾並未授權威盛使用PentiumII架構匯流排。

除了在美國、英國與新加坡分別提出三筆訴訟，將侵權控訴從威盛擴大到威盛的客戶之外，英特爾的正本清源之道是加速820晶片組上市的計畫，該晶片最後終於在1999年11月15日美國秋季電腦展中正式對外發表，並隨即開始出貨，兩大高速記憶體陣營的正面對決就此展開。

台灣廠商的心聲——大衆電腦的辯白

針對英特爾公司的控告，大眾電腦個人電腦事業部總經理許健表示非常驚訝與遺憾，他認爲這是英特爾的誤解。

由於威盛的大股東兼董事長與王雪紅，不但是國眾電腦的董事長，也是大眾總經理王雪齡的妹妹，因此一般認定威盛是大眾集團的關係企業。

許健認爲，英特爾挑上他們，主因應該是考慮威盛與他們的關係。對此，許健表示，那只是大股東個人的投資而已，威盛不算是大眾集團一員。

大眾過去雖曾投資威盛，但在股票公開發行後，大眾已不再持有威盛的股票，雙方在財務或技術上完全沒有關係，也沒有合作開發產品。

大眾不敢得罪英特爾，被打還不能喊痛，連忙「婉轉」的提出解釋：大眾產品大部分都是採用英特爾的晶片組，威盛的晶片組方面大概只佔大眾主機板總出貨量的5%，換言之一個月只有二、三萬片，而且這些都是特定客戶的要求，因此英特爾控告他自己的主要客戶實在是「很有趣」的事。

許健表示，現在許多主機板廠商都使用威盛PC-133的晶片組，大眾用的比例應該算是最小的，因此挑上大眾令人感覺很奇怪。

許健認爲英特爾與威盛之間的智慧財產權官司如果判決結果是威盛輸，那大眾當然不會再採用威盛的產品，但既然判決還未出來，英特爾控告他們一案尚未有任何證據或實質性，所以大眾現在使用威盛的產品「沒有任何問題」。

威盛與旭上的盟約

儘管英特爾連揮數道專利之刀，1999年12月威盛電子（VIA）則是再度出招，宣佈與旭上（S3）結盟。兩家公司宣佈成立合資公司"S3-VIA"，旭上及威盛（VIA）分別持有股權51%與49%。

要將晶片組與微處理器整合在一顆晶片中，繪圖晶片的技術是相當重要的。威盛與S3的策略聯盟，取得了S3的繪圖技術，再加上S3與英特爾有10年的技術交換授權協定，未來威盛的產品如果由S3-VIA出貨，不但沒有專利權上的爭議，也不需另付權利金。這個結盟案對威盛而言真是：「一兼二顧，摸蚵仔兼洗褲」。

在股票市場上的表現，威盛的股票在1999年封關之前，挾其願景與績效以連續三天急漲的攻勢，登上股王地位，粉碎年中，市場預期五十元與五百元的爭議。

威盛劃破滿天陰霾，「亞洲英特爾」儼然成型！

威盛相助超微K7看俏

千禧年元旦剛過，英特爾眼中的「壞小孩」威盛又做了一件惹他生氣的事情。

事情是這樣的，2000年1月10日威盛電子宣佈其首套支援超微K7處理器的晶片組“KX133”已經進入量產階段，並陸續向二十幾家主機板客戶交貨，一般預料此舉將有助於拉抬K7系統的聲勢。

挾其領先競爭對手揚智、矽統推出K7處理器的晶片組的優勢，威盛今年在K7晶片組市場上抱著一戰定江山的決心，估計將一舉拿下七成以上的佔有率、達到千萬套以上的出貨量。

超微的K7處理器已推出至今已將近三個月，但相容的晶片組卻沒有足夠的火力支援，只靠超微自行供應，產量有限，整個聲勢不易拉抬。

如今威盛的KX133順利進入量產，對超微而言有如是來了場及時雨順利補足戰力。

威盛的KX133可搭配較經濟的印刷電路板設計，因此主機板廠商的接受度應可提高不少，對於超微所定下今年K7處理器出貨1500萬顆的目標，威盛的KX133晶片組應該會具有相當關鍵性的地位。

台灣科技島美夢成真?!

從宏碁、台積電、聯華、廣達到「亞洲英特爾」威盛，台灣科技島的美夢能否眞正實現？

台灣電子業與矽谷PC英雄們當然脫不了關係，大概認識了矽谷的PC英雄後再回頭來看台灣電子產業從無到有的發展過程，想必更容易「說清楚，講明白」；請期待「PC英雄傳台灣版」與你相會的一天！

電腦小百科Part 1

何謂半導體？

我們說過：微處理器與記憶體都是以「半導體」爲基本材質。到底什麼是半導體呢？半導體是指導電性介於導體和絕緣體之間的材料。使用最普遍的半導體，是從海沙中所提煉而來的矽。

純矽經加工切片後，製成一片片像碟子的矽晶圓，以直徑來分從早期兩吋、四吋到目前的八吋、十二吋晶圓。

將晶圓切割後，變成一個個大小一致的晶格。把複雜的電路，透過照相、縮小到晶格上，就是——IC（積體電路）。

爲了幫助讀者對上述複雜、抽象的過程容易了解，我們不妨以「蔥油餅」的製程來做比喻。製作蔥油餅，首先得將麵粉做成一張圓形大餅，就有如純矽加工，製成矽晶圓。

蔥油餅既然名爲「蔥油餅」，其上總要有一些蔥吧！所以，將大餅灑點鹽、放些蔥，放在鍋子裏烱，一塊香噴噴的大餅就出爐了！同樣的，我們要將各種複雜的電路，透過照相、縮小放到晶格上。

吃蔥油餅之前總得拿起刀子，切成幾份，才容易上口，我們的晶圓亦同，利用自動化切割機，把矽餅切成一塊塊晶片，最後在晶片上用金屬或塑膠封套起來，一切就大功告成了！

晶圓上的電路，由工程人員設計，有些電路的設計工作需時一、兩個月，但也有些設計工作需要兩年以上的時間。設計人員在設計電路時用「光筆」在特殊的終端機上繪圖，完成的電路留供「蝕製」於晶片上之用，大部分晶片，四至六層，才能執行該項電路的功能。

在電路設計完成後，即製成較實際電路放大五百倍的「光罩」一幅，工程人員詳細檢查這份「光罩」，務使電路確定無任何錯誤，然後再用照相方法，將這幅「光罩」縮小至晶片上的實際電路的大小。

矽餅先浸在光阻（感光乳劑）裏，然後每片晶格都蓋上一片縮小的光罩。當它們暴露在紫外線後，再浸在酸液中，這時部分的光阻會被洗掉，其他沒有遮住的部分，會硬化而形成電路輪廓。

到此為止，電路只完成一層，重複上述製程，最後在切割包裝「晶片」才大功告成。

常見的積體電路有記憶體IC和邏輯IC，如微處理器兩種。

兩者相較，記憶體的功用較為簡單，僅用做儲存資料用。

記憶用的積體電路，簡單的說，只要把相同的電路併在一起就行了，這是種規格較少、設計簡單、需求量大的半導體。因此拙於設計、長於生產的日本、韓國，乃至於台灣，均主攻此記憶體產品。

邏輯IC，如微處理器，其設計較專門為記憶用的IC複雜多了，微處理器它是一種訊息處理機器，能對任何化爲編碼形式的信息（0與1的電流）做運算、序列的工作，再加上其體積小、可程式化（能寫入不同程式，做不同的運用）的優點。因此不論是家電用品、汽車引擎、紅綠燈，或是電梯、電話等設備，都能用來控制電路，做不同的操作！

舉例而言，微處理器用於控制引擎燃料的注入、吸收、點火和燃燒，所需氣體與燃料比例最佳，使汽車引擎有效率的運轉。用於安全氣囊上，當微處理器偵測到撞擊，安全氣囊就會自動彈開，保護駕駛人。

用於汽車音響上，在汽車CD音響要播放某段樂曲時，它會預先讀取幾秒的資料，並將其中因跳針而遺失的片斷塡補起來，使播放的結果仍可保持流暢。

行動電話這種高科技的東西，說穿了也是將微處理器和收音機的天線連接起來而已。行動電話的核心當然就是微處理器，將你的聲波轉成0與1的數位訊息，並負責處理撥號、記憶等細節工作。

所以現代汽車的引擎功能，多是以微處理器爲中樞，設計出來的引擎由控制單元予以控制、監視。而大哥大，其實不過是微處理器加一根天線而已！

至於原本功能簡單的冷氣機、電風扇，加上微處理器與控制電路，將「超過某種溫度就將開關關掉」或「超過某個時間就執行下一個指示」等各種預設情況的程式輸入記憶體中，冷氣機就變成有智慧的機器，它不僅可以預約開機、關機，又有定溫、遙控等功能，你看！原本單調平凡、功能簡單的冷氣機，加上微處理器變成「微電腦」冷氣機，其功能是不是變得多采多姿、趣味盎然呢！

1980年，台灣第一台微電腦冷氣機的廣告。微電腦冷氣機就是裝有微處理器的冷氣機。

看一看你的周圍，從冷氣機、電風扇、洗衣機、微波爐、錄放影機等，是不是都已冠上了個「微」字呢？這些「微」字輩的家電用品，將我們的生活點綴的更多采多姿、更便捷舒適！所以微處理器（微電腦）是不是無所不在呢？

進入微處理器時代的電腦，我們稱之爲——微電腦（個人電腦）。自此電腦不再是政府與公司行號的專利了，電腦逐漸進入每個家庭之中、每個領域、甚至每項產品之中。

今日，人們將聲音、影像等資料轉換成0與1的電流，藉由電話線或有線電視電纜的傳送，二十一世紀的網路社會儼然成形。因此，如英特爾、摩托羅拉、台積電、聯華電子等製造微處理器、記憶體等產品的半導體公司，無疑的成了產業界的當紅炸子雞，下世紀的明星產業。

電腦小百科Part 2

我的世界只有0與1

在台灣我們將“computer”譯成「電腦」。可是你有沒有想過「電」、「腦」這兩個字代表什麼意思呢？

吃「電」的機器

「電腦」之「電」：電子、電流也。這表示電腦內部大部分爲電子元件所構成；這表示電腦是「吃」電長大的。有電，電腦才會運轉，沒有了電，電腦就只是個空殼子，是無法運作的。

因爲電腦是「吃」電的，所以電腦在處理資料時就是以「有電」、「無電」來作處理。電流通過電子元件，電子元件的狀況若處於「開」的狀況，就是「有電」。電子元件的狀況若處於「關」的狀況，就是「無電」。

我們將「有電」以“0”代表，「無電」以“1”代表。通常電腦的內部，就是以0與1來編碼，這叫二進位碼。每個“0”或“1”稱爲位元，位元是資訊最小的單位（註：電腦每秒可以測量幾百萬次到幾千萬次的電流，我們稱爲脈衝電流）。

電腦它只看得懂“0”或“1”，可是我們要處理的資料是阿拉伯數字、英文字母，那麼要如何讓它辨識呢？

如同中國的「八卦」，用太極的「一陰一陽」即構成萬物一樣，只要將“0”、“1”，做成各種不同排列就可以用來表示各種訊息及符號。

有一張稱為「美國資訊交換標準」的對照表，即是將每個阿拉伯數字、每個英文字和一些常用的標點符號，用“0”與“1”的二進位碼來表示。例如：大寫英文字母“A”的二進位碼是01000001；“B”的二進位碼是01000010；阿拉伯數字的“5”為00110101。

每個「字」，不管是阿拉伯數字、還是英文字母，都是用八個“0”或“1”的位元，組合而成的，所以每八個“0”或“1”的位元，組合成一個阿拉伯數字或一個英文字母等「字元」(又稱位元組)。

我們將上述所講的整理一下。

「有電、無電是位元，八個位元等於一個字元」。也就是「八個」位元，可以表達一個「字」。在設計電腦時，讓電腦從外界接收，或是電腦內部各單元互相傳送「電流」時，每傳送八個脈衝（八個有電無電即八個位元，也就是一個「字」），電腦就「知道」傳送給它的是什麼訊息了。

如果我們要一個比較有效率的設計，可以讓這八個脈衝，同時由八條線傳送，這樣子在一個脈衝內，電腦就可以知道一個字了。所謂的「8位元電腦」，就是內部傳送資料的數據線是由八根並列的線所構成，「16位元電腦」的數據線就是十六條並列，讓電腦在一個脈衝時間內，可以「知道」兩個字。

顯然，電腦的內部各單元之間每次互相傳送數據的位元數越多，電腦的效率就越高，所以「位元」往往也成爲電腦性能的一個指標。

8位元電腦：微處理器一次能處理8個位元（一個位元組或一個字元）的電腦。

16位元電腦：微處理器一次能處理16個位元（一個位元組或二個字元）的電腦。

如果將「8位元」當成只有一個車道的馬路，則「16位元」意味著兩個車道的馬路，其效能當然是高下立判的！

以上所要講其實是，對電腦而言，我的世界只有“0”與“1”。它只懂得有無電流、只懂得“0”與“1”，因此電腦就是利用電流來代表“0”或“1”，再用“0”或“1”來代表全世界。

電腦的記憶

「電腦」之「腦」：頭腦、大腦也。「腦」是人類用之於記憶、思考事物的器官。同樣的，「吃」了電以後，電腦就成了一個可以記憶、思考的機器。

那麼電腦它是如何來記憶的呢？

電腦利用電流的「有」、「無」代表“0”或“1”，再用

“0”或“1”來代表所有資訊。因此電腦記憶任何資料也都是將之譯成“0”或“1”，儲存在電腦的記憶體中。所以「記憶體」就是電腦用來儲存程式與資料的元件。

例如，我們將磁蕊順時針方向轉的磁場當做“1”，逆時針方向轉的磁場當做“0”，這樣一個磁蕊就可以記錄最基本的“0”或“1”，許許多多的磁蕊就可以用來記錄不同的資料。

如今我們用的是「半導體記憶體」。半導體記憶體是將許許多多電子元件，利用半導體技術，「放」進微小的矽切片中。再將“0”或“1”所組成的各種資訊，儲存於半導體記憶體中，以電晶體為「開關」的小電容內。

半導體記憶體中有許多電晶體及儲存格，每個儲存格可儲存“0”或“1”，每一個儲存格就相當於“0”或“1”的穩定狀態。這就是電腦的記憶，將各種“0”或“1”所組成的資訊，儲存於記憶體中。

1970年代開發完成的半導體記憶體，體積小、速度快、價錢低廉，且裏面有三十二個電晶體。如今，同樣大小的晶片中，已可放進數十萬顆電晶體。

既然講到了「位元」、「字元」等單位，在此我們不妨順便將電腦的「記憶單位」說個明白。我們已經知道「有電、無電是位元，八個位元等於一字元」。但是難道你不覺得「字元」這個單位太小了嗎？

的確！如同你會問別人「這本書有幾頁？」，而不會問

「這本書有幾字？」！

我們將「一千個字」稱爲“1KB”（千位元組，我們可將「一千個字」稱爲「一頁」)。「一千KB」稱爲“1MB”（百萬位元組，即百萬個字)，「一千個MB」則爲“1GB”（十億位元組，即十億個字)。

電腦的記憶單位

一個開或關——1Bit（位元）

八個位元——1Byte（位元組，即一個字元）

一千個位元組——1KB（千位元組，即一千個字）

一千個KB（千位元組）——1MB（百萬位元組，即百萬個字）

一千個MB（百萬位元組）——1GB（十億位元組，即十億個字）

電腦的記憶裝置單位

在前面，我們了解電腦的記憶單位。從最小代表電流開、關的位元，到代表一個「字」的位元組（由八個位元組成的)，以至千個字（千位元組，1KB)、百萬個字（百萬位元組1MB)，十億個字（十億位元組，1GB）等等。

上述這些可能是幾個字，或幾百萬個字的資料，往往被儲存在各種容量、價位、效能不同的記憶裝置裏。換句話說，電腦的記憶裝置專司指令與資料的儲存，一般可分爲由積體電路製作，直接安插在主機板上的主記憶體。或是透過介面卡連接如磁碟機、光碟機等輔助記憶體（外部記憶體）。

主記憶體之所以被直接安插在主機板上，就是要便於微處理器讀、存資料。故主記憶體的速度，較輔助記憶體快，價格和每單位記憶成本也就高多了。也就是難以同時兼具高速、大容量、便宜等優點，所以只好因地制宜，在靠近微處理器的部位採用高價高速的主記憶體，在外圍不需要高速傳輸的部位，則採用較便宜、高容量的輔助記憶體（外部記憶體）。

就電腦的主記憶體來講，大致可分爲ROM及RAM兩大類：

(1)ROM（Read Only Memory，**唯讀記憶體**）

所儲存的資料只能被讀出，不能被更改或刪除，甚至將電源關掉，也不會消失，它是把程式資料燒錄在記憶體上。例如口袋型電子計算機的運算資料就是被燒在ROM上，所以即使是關掉電源，這些程式也不會消失。

電腦中一些重要的基本資料如：基本輸出入系統、字型等就適合擺在ROM裏面，讓電腦在「吃了電」後，馬上可以依照這些指示，去適當的地方找進一步的指示，把「操作系統」載入。ROM的容量大小，通常按需要的記憶容量由數個ROM的積體電路組合而成。

(2)RAM（Random Access Memory，**隨機存取記憶體**）

儲存的資料能被讀出，亦可以被寫入，假如把電源關掉，則其內容就會消失。電腦內可供程式使用的記憶體就是RAM，用之來載入程式、資料供電腦運用，所以RAM是一種「暫存裝置」的角色。

一般而言我們是將資料存在容量較大，但讀取資料時間慢的硬碟裏（其單位記憶成本較便宜）。當硬碟中有某些資料要被處理時，就會被放在記憶體中，然後再交由CPU來處理。處理完之後，也是先放在RAM，再回存硬碟。

所以，RAM的大小也稱爲電腦的工作容量，並受到CPU設計上的限制，有的CPU只能管理640KB的記憶體。此外，隨著軟體的不斷進步，電腦對工作記憶體的需求也不斷增大。

例如，十年前一般常用的文書處理軟體只需要16KB的RAM就夠了，如今則需要300KB。

現在大家都使用標榜著親和力強、人性化界面的視窗軟體如WIN3.1，這類軟體最起碼需要8MB的記憶體。如果要執行WINDOW 95的話，則至少需要16MB的記憶體！

所以，一台電腦「裝」的RAM容量越大，可以利用的空間就越大，再「肥」的軟體也施展的開。因此，RAM也是選購電腦的主要考慮因素之一，而一般所指主記憶體容量，就是指RAM的容量。

RAM的種類很多，其中DRAM（動態記憶體）可以說是用的最多、最廣的半導體記憶元件。DRAM的線路簡單，線路密集度可以做得很高，它的單位儲存容量就非常大。

也就是因DRAM的單位儲存成本較便宜，所以被廣泛用於所有電子產品中。因此從隨身聽、電視機、錄放影機，以至於電腦等，都可見到其蹤跡。

至於電腦的輔助記憶體，其種類很多，從早期的卡片、紙帶、到迄今仍在使用的磁帶、磁碟，以及最近流行的光碟等都屬於輔助儲存體，每一種儲存體都有其特定的裝置，如讀卡機、打卡機、磁帶機、磁碟機與光碟機等以執行存取的功能。以下我們就磁碟與光碟及其相關的硬體裝置作一簡介。

軟碟機的容量不高，但是磁片如同筆記本一樣，易於攜帶。硬碟機缺乏可攜性，但是具有大容量、高存取效率（如同家裏的書櫃）的優點。光碟機雖然無法寫入資料，但是可以讀取光碟片中的大量資料，三者都是目前個人電腦中的標準配備。

磁碟機的原理是利用磁性物質的N、S兩極來代表“0”與“1”兩個值。軟式磁碟機用的磁片由於價位非常低廉，所以是絕大部分使用者用來攜帶資料的工具。

目前的電腦都會搭配一台3.5吋1.44MB的軟碟機，這意味著，這張小小的磁碟片可以儲存1.44百萬個字！

磁碟片1.44百萬個字的容量如果用來儲存單純的文字資料，或許還綽綽有餘，但隨著多媒體影音、圖像資料的流行。

1.44MB的容量顯得捉襟見肘、漸不敷使用。

雖然諸如ZIP、LS-120等高容量的軟碟機已經相繼推出，但是在硬體與磁片價位的比較下，1.44MB的軟碟機仍有相當的優勢，短期內不至於被淘汰，常見的廠牌有NEC、Mitsumi、Panasonic、SONY、TEAC等，但其性能都是一樣，倒不必刻意挑選。

硬碟機（HDD）是當前個人電腦中最重要的儲存設備，它可以說是電腦放資料的「大倉庫」。硬碟的容量通常是一般消費者選擇硬碟時的首要考量。

高容量磁碟機的出現表示，隨著電腦科技的進步，電腦軟體的功能越做越複雜，但操作介面卻越趨人性化，越來越有「智慧」，再加上多媒體等聲光效果，所以其程式也不得不越來越「肥」。

光碟片及光碟機是近來新興流行的輔助儲存裝置·光碟機的存取原理是，當欲儲存資料到光碟時，必須使用較高功率的電射光束在光碟片的表面上灼燒出一極細小的凹洞，每一個凹洞可以表示一個位元“Bit”，而凹洞的深淺正可表示“0”或“1”。

當欲從光碟片讀取資料時，則以一種較低功率的雷射光束來偵測的光碟片上的凹洞，並藉由凹洞的反射光強弱來判定凹洞的深淺，也就可判斷資料的“0”或“1”。

光碟的儲存密度很高（比硬碟高），穩定性也很高，而存取的速度比軟式磁碟機快（約快上100倍），但比硬式磁碟機慢（慢約5倍）。

其實包括音響上的雷射唱片CD、雷射影碟LD、VCD等都是這一類型的技術應用。目前個人電腦的光碟技術已由最早的單位速發展至現在最普遍16倍速或是24倍速。目前雖然市面上也有32倍速的光碟機出現，但是由於已經面臨轉速瓶頸，而且大部分的生產廠商都已經將發展重心轉移至很有可能成爲接班人的“DVD ROM”，應該不會繼續生產更高倍的光碟機了。

至於寫入光碟片的工作則由專業的廠商以專門的燒錄機來進行資料的寫入。但並非所有的光碟機都只能做讀取而不能做寫入的工作。

電腦之思考—CPU的運作

電腦它又是如何來思考呢？

不用多說，電腦只懂得“0”與“1”的電腦當然也是用“0”與“1”來思考囉！我們不妨先來看看人的思考模式。

某人正跨越街頭，發現一輛汽車疾駛而來，這時記憶細胞裏會浮現有關交通安全經驗的畫面，記憶細胞經過適當的作業程序後，立刻發出訊息給雙腳肌肉，採取緊急行動迅速退至路邊。

再例如，有人問你：「81除以9等於多少？」

人腦的作業方式是，先將問題“81／9”記憶在腦中，並依照記憶裏的運算公式中，如九九乘法，來運算作出回答。

電腦是靠CPU來做思想的功夫，CPU的運作彷如人類，它先將所要處理的問題（81／9＝？）化爲編碼形式的信息（0與1的電流），先放在記憶體中，再依原本存於記憶體中的程式指令（九九乘法）來做運算、序列的工作。所以電腦的大腦——中央處理單元，也是包含記憶、計算邏輯、控制三個單元。

記憶單元由輸入部門獲得訊號（18／9＝？），控制單元開啓存在記憶體中用來解釋問題的資料和指令，再藉由適當的電子線路，將所有輸入電腦的數據經記憶單元，和“AND”、“OR”、“NOT”等三種邏輯電路來計算。總之，電腦一切的計算，都靠電路與電路的巧妙組合所進行。

不同廠牌的CPU，是針對不同的硬體架構而設計的，所以針對英特爾X86系列CPU所開始出的軟體，是無法直接將之用在另一系列（如：摩托羅拉）CPU上的。使用相同CPU的電腦，由於爲其設計的軟體最後都翻成相同的機器語言，所以就有使用相同軟體的可能。

上面所謂的“X86”是英特爾的微處理器編號，英特爾生產的微處理器從早期的8086歷經了80186、80286、80386、80486等「世代」的微處理器，這些微處理器就是俗稱“X86”架構的微處理器。

由於「數字」始終無法申請商標，這令其他製造標榜著

「與英特爾相容」的「仿製品」，也可以堂而皇之的將這些數字，標示在他們的產品上，以魚目混珠、大撈一票。所以英特爾的第五代微處理器，便不再以數字號碼爲編號，而另取Pentium之名。不過有人是沿舊以586、686之名稱呼Pentium級的個人電腦。

到底歷經了五、六個世代演進的“X86”微處理器，有何長進呢？我們一般常以下列幾個指標來衡量微處理器的效能：

1.位元處理能力。例如8位元、16位元的微處理器。通常這跟微處理器內部暫存器、資料匯流排或指令寬度有關。如同我們前述的，16位元電腦其微處理器每次讀入16個Bit（2個字）的指令或資料以進行處理。

顯然，電腦的內部各單元之間每次互相傳送數據的位元數越多，電腦的效率就越高，所以「位元」往往也成爲衡量電腦性能的一個指標。如英特爾的8086／286的通用暫存器是16位元，所以它們算是16位元的微處理器。至於Pentium、Pentium Pro則是32位元的微處理器。

2.記憶體容量。我們說這顆微處理器的記憶體控制範圍有多少MB，像386／486等32位元的微處理器，其最大記憶體容量有4096MB（等於4GB）。

3.工作時脈（CLOCK）。每個微處理器工作時脈越高，執行指令的單位時間越小、速度就快。例如英代爾486 DX-33，它的工作時脈是33MHZ，MHZ是每秒百萬次的意思；

33MHZ，意即微處理器的工作時脈每秒33百萬次。

到了於Pentium級微處理器，一般則說：「這顆微處理器是P-90、P-200」等。“P”是“Pentium”的簡稱。“90”、“200”則爲微處理器的工作時脈。“P-200”意即這是一顆Pentium級工作時脈達每秒200百萬次的微處理器。想想每秒200百萬次的速度，夠嚇人了吧！

綜合上述所說的，我們可以很清楚的知道，一台電腦是否過時，性能夠不夠「悍」，從下列三個問題即可看出端倪：

1.微處理器的速度多快？

2.記憶體的容量多大？

3.硬碟的容量多大？

PC英雄傳

MBA 02

著　　者／高于峰
出 版 者／生智文化事業有限公司
發 行 人／林新倫
總 編 輯／孟樊
執行編輯／陳懿文
登 記 登／局版北市業字第667號
地　　址／台北市文山區溪洲街67號地下樓
電　　話／(02)2366-0309　2366-0313
傳　　眞／(02)2366-0310
E-mail／tn605547@ms6.tisnet.net.tw
印　　刷／科樂印刷事業有限公司
法律顧問／北辰著作權事務所　蕭雄淋律師
初版一刷／2000年4月
定　　價／新台幣320元
郵政劃撥／14534976　揚智文化事業股份有限公司
ISBN／957-818-106-X

北區總經銷／揚智文化事業股份有限公司
地　　址／台北市新生南路三段88號5樓之6
電　　話／(02)2366-0309　2366-0313
傳　　眞／(02)2366-0310
南區總經銷／昱泓圖書有限公司
地　　址／嘉義市通化四街45號
電　　話／(05)231-1949　231-1572
傳　　眞／(05)231-1002

國家圖書館出版品